矢沢 久雄 著 日経ソフトウエア 編

Python で学ぶ アルゴリズム &改良テクニック

日経BP

●はじめに●

皆さん、こんにちは、著者の矢沢久雄です。

私は、学生時代から趣味でプログラミングを始め、IT企業に就職してプログラマになりました。現在は、プログラミングに関する書籍や記事を書く仕事、研修でプログラミングを指導する仕事をしています。

かれこれ40年以上もプログラミングに関わってきましたが、今でもプログラミングが大好きです。なぜなら、プログラミングは、何年やっても決して飽きることがない、とても楽しいものだからです。そんなプログラミングの楽しさを、多くの皆さんに知っていただくために、本書を作りました。

プログラミングには様々な楽しさがありますが、本書のテーマは「アルゴリズムを知る楽しさ」と「アルゴリズムを改良する楽しさ」です。これらは、ゾクゾクするほど楽しいものです。本書で解説しているのは、様々な場面で使えるアルゴリズムです。「ユークリッドの互除法」「エラトステネスのふるい」「線形探索」「BMH法」「バブルソート」「バケツソート」「挿入ソート」「クイックソート」「ビットカウント」「部分和問題の解法」「じゃんけんゲーム」など、よく知られている定番のアルゴリズムを取り上げています。

アルゴリズムを知ると、「なるほど! こういう問題は、この手順で解けるのか」という感動があります。アルゴリズムを改良すると、処理を効率化したりほかの用途に応用したりできます。改良テクニックを知ることで、より大きな感動があるでしょう。

例えば、線形探索は、「配列の先頭から順番に目的の値かどうかをチェックする」というアルゴリズムです。このシンプルなアルゴリズムは、「番兵」「乱択アルゴリズム」「m－ブロック法」というテクニックを使って改良することで、処理を効率化できます。

じゃんけんゲームの勝敗を判定するアルゴリズムは、数値の法則性を見つけて改

良することで、処理を効率化できます。さらに、その改良テクニックは、「FizzBuzz」という別のゲームを判定するアルゴリズムに応用できます。

　アルゴリズムを知り、さらに、それらのアルゴリズムの改良テクニックを知ると、最高にハッピーな気分になるでしょう。本書を通して、アルゴリズムとプログラミングを大いに楽しんでください。

2023年10月吉日

矢沢　久雄

本書のサンプルプログラムについて

　本書で使用するサンプルプログラム（掲載コード）は、サポートサイトからダウンロードできます。下記サイトの URL にアクセスし、本書のサポートページにてファイルをダウンロードしてください。また、訂正・補足情報もサポートページにてお知らせします。

サポートサイト（日経ソフトウエア別冊の専用サイト）
https://nkbp.jp/nsoft_books

※本書に記載の内容は、2023 年 8 月時点のものです。ソフトウエアのバージョンアップなどにより、想定した動作をしない可能性があります。また、すべてのパソコンでの動作を保証するものではありません。
※掲載コードの著作権は、著者が所有しています。著者および日経 BP の承諾なしに、コードを配布あるいは販売することはできません。
※いかなる場合であっても、著者および日経 BP のいずれも、本書の内容とプログラムに起因する損害に関して、一切の責任を負いません。ご了承ください。

CONTENTS

プログラミング環境の準備

本書のサンプルプログラムを実行するための環境を準備しましょう。Windows
パソコンを使っていることを前提として説明します。

① Pythonの環境構築

まず、パソコンにPythonをインストールしましょう。以下の公式Webサイト
のURLから、インストーラーをダウンロードします。

Python のダウンロードページ
https://www.python.org/downloads/

ダウンロードした「python-3.11.4-amd64.exe」というファイル（本書の執筆
時点のファイル名です）が、インストーラーです。

インストーラーを起動すると**図1**の画面が表示されます。

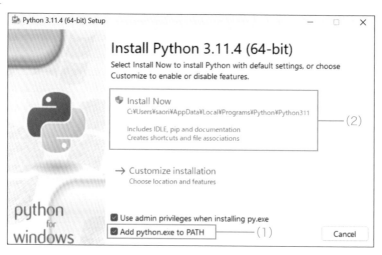

図1　Pythonのインストーラーの画面

図1の（1）の「**Add python.exe to PATH**」という項目にチェックを入れて、（2）の「Install Now」をクリックしてください。「Add python.exe to PATH」にチェックを入れると、自動で環境変数にパスが設定されます。このようにすることで、パソコンの任意のフォルダーの中のPythonプログラムを実行できるようになります。

　画面の指示に従ってインストール作業を進めましょう。「**Setup was successful**」という画面が表示されたら、Pythonのインストールは完了です。

② サンプルプログラムのダウンロード

　本書のサンプルプログラムは、サポートサイトからダウンロードできます。以下のサポートサイトにアクセスして本書のサポートページを探し、そのページからファイルをダウンロードしてください。

> **サポートサイト（日経ソフトウエア別冊の専用サイト）**
> https://nkbp.jp/nsoft_books

　ダウンロードした「yzwbook2023.zip」というファイルを解凍してください。解凍したフォルダーの中に「01」～「10」という10個のフォルダーが入っています。これらのフォルダーの中には、1～10章のサンプルプログラムが入っています。

　サンプルプログラムを実行する際は、WindowsのCドライブの直下に「NikkeiSW」フォルダーを作成し、そのフォルダー（C:¥NikkeiSW）の中にプログラムのファイルをコピーしてください。

③ サンプルプログラムの実行

　プログラムの実行には、コマンドプロンプトを使います。Windowsのスタートメニューから「コマンドプロンプト」を起動してください。起動した画面にコマンドを入力・実行していきます。

まず、**cd**コマンドを使って、Cドライブ直下のサンプルプログラムのあるフォルダー（C:\NikkeiSW）に移動します。以下のコマンドを入力し、「Enter」キーを押してください。

```
cd C:¥NikkeiSW
```

　次に、**python ファイル名.py**というコマンドを使ってプログラムを実行します。試しに1章のサンプルプログラムである「sample1.py」を実行してみましょう。

　解凍した「yzwbook2023」フォルダー内の「01」から、「sample1.py」をCドライブ直下の「NikkeiSW」フォルダーにコピーします。そしてコマンドプロンプトで以下のコマンドを入力し、「Enter」キーを押してください。

```
python sample1.py
```

　図2のように画面に実行結果が表示されれば、サンプルプログラムの実行は成功です。

図2　sample1.pyの実行結果

1

「最大公約数を求める
アルゴリズム」を
改良する

本章で解説するアルゴリズム

ユークリッドの互除法

本章のポイント

基本のアルゴリズム

「ユークリッドの互除法」で最大公約数を求める

2つの自然数の最大公約数を求める「ユークリッドの互除法」というアルゴリズムを解説します。まずは、引き算の繰り返しによって最大公約数を求めます。

改良テクニック1

引き算の繰り返しを剰余算に改良する

引き算の繰り返しを剰余算(割り算の余りを求めること)に改良すると、効率化できます。剰余算で最大公約数を求めるアルゴリズムを解説します。

改良テクニック2

最小公倍数を求めるアルゴリズムに改良する

最大公約数を求めるアルゴリズムを応用すると、最小公倍数を求められます。足し算の繰り返しで最小公倍数を求めましょう。

改良テクニック3

最大公約数を利用して最小公倍数を求める改良をする

さらに効率よく最小公倍数を求めるために、最大公約数を求めるアルゴリズムを利用する方法を解説します。

「最大公約数を求めるアルゴリズム」を改良する

本章では、2つの自然数の最大公約数を求めるアルゴリズムを紹介し、そのプログラムを作ります。そして、その処理を効率化するための改良テクニックを解説します。さらに、改良テクニックを応用し、最小公倍数を求めるプログラムを作ります。

■「ユークリッドの互除法」で最大公約数を求める

まずは最大公約数を求めるアルゴリズムを説明します。ここでは「ユークリッドの互除法」というアルゴリズムを使います。ユークリッドの互除法は、「2つの自然数を、割り算の余りを使い、割り切れるまで互いに割り続ける」というものです。これは、紀元前3世紀頃に、ギリシアの数学者であるユークリッドが著した「原論」の中にあり、明確に示された世界最古のアルゴリズムであると言われています。

ユークリッドの互除法の詳細な手順についてはあとで説明します。その前に、このユークリッドの互除法が行う「2つの自然数を、割り算の余りを使い、割り切れるまで互いに割り続ける」という手順は、引き算の繰り返しに置き換えられることを示しましょう。まずは引き算を繰り返すことで最大公約数を求めてみます。

引き算の繰り返しで最大公約数を求める

図1-1には、2つの数（自然数）である「A」と「B」の最大公約数を、引き算の繰り返しで求める手順がフローチャートに示されています。

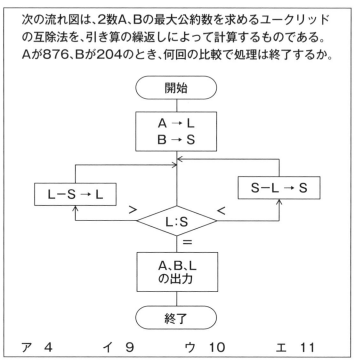

次の流れ図は、2数A、Bの最大公約数を求めるユークリッドの互除法を、引き算の繰返しによって計算するものである。Aが876、Bが204のとき、何回の比較で処理は終了するか。

開始

A → L
B → S

L−S → L

S−L → S

L:S

A、B、L
の出力

終了

ア 4   イ 9   ウ 10   エ 11

※出典：平成 20 年度春期 基本情報技術者試験 問15

図1-1　最大公約数を引き算の繰り返しで求めるフローチャート

　これは、ITエンジニアの登竜門と呼ばれる、情報処理推進機構（IPA）主催の「基本情報技術者試験」に出題された問題です。この手順において、Aが876で、Bが204のとき、処理が終了するまでに比較が何回行われるかを答えるという内容です。

　図1-1のフローチャートに示された手順は、「2つの数のうち、大きい方から小さい方を引くことを、両者が等しくなるまで繰り返す」というものです。まず、一方のAをLに代入し、もう一方のBをSに代入します。そして、LとSを比較し、Lの方が大きければL−SをLに代入し、Sの方が大きければS−LをSに代入します。これをLとSが等しくなるまで繰り返します。LとSが等しくなったら、A、B、Lを出力して終了します。このL（LとSが等しくなった値）が、最大公約数です。

　この手順で、876と204の最大公約数を求めると、図1-2のようになります。

```
    L        S
```

(1) 876 ＞ 204 なので、L を 876−204＝672 で更新する。
(2) 672 ＞ 204 なので、L を 672−204＝468 で更新する。
(3) 468 ＞ 204 なので、L を 468−204＝264 で更新する。
(4) 264 ＞ 204 なので、L を 264−204＝60 で更新する。
(5) 　60 ＜ 204 なので、S を 204−60＝144 で更新する。
(6) 　60 ＜ 144 なので、S を 144−60＝84 で更新する。
(7) 　60 ＜ 　84 なので、S を 84−60＝24 で更新する。
(8) 　60 ＞ 　24 なので、L を 60−24＝36 で更新する。
(9) 　36 ＞ 　24 なので、L を 36−24＝12 で更新する。
(10) 　12 ＜ 　24 なので、S を 24−12＝12 で更新する。
(11) 　12 ＝ 　12 なので、処理を終了する（最大公約数は 12）。

図1-2　876と204の最大公約数を引き算の繰り返しで求める手順

　全部で11回の比較が行われて12という結果が得られるので、問題の正解は選択肢「エ」です。

　プログラムを作成してみましょう。リスト1-1は、キー入力された2つの数の最大公約数を求めるプログラムです。キー入力すること以外は、図1-1のフローチャートと同様の内容にしてあります[*1]。このプログラムをsample1.pyというファイル名で作成してください。

リスト1-1　引き算の繰り返しで最大公約数を求めるプログラム（sample1.py）

```python
# 2つの数をキー入力する
a = int(input("A --> "))
b = int(input("B --> "))

# ここからはフローチャートと同様
l = a
s = b
```

次ページに続く

[*1] 本書で示すプログラムには、フローチャートと同様の内容にするために、冗長な部分があることをご了承ください。

```
while True:
  if l > s:
    l = l - s
  elif s > l:
    s = s - l
  else:  # lとsが等しいなら繰り返しを抜ける
    break
print(a, b, l)
```

sample1.pyの実行結果の例を図1-3に示します。

図1-3　sample1.pyの実行結果の例

「A -->」に876を入力し、「B -->」に204を入力すると、876と204の最大公約数として12が得られました。

引き算の繰り返しで求められる理由

なぜ、「2つの数のうち、大きい方から小さい方を引くことを、両者が等しくなるまで繰り返す」というアルゴリズムで最大公約数が求められるのか、その理由を説明しましょう。

それは、「2つの数AとB（A＞Bだとします）の最大公約数は、BとA－Bの最大公約数と等しい」からです。なぜそうなるのかはあとで説明しますので、このことを具体的な数で考えてみます。

例えば、876と204の最大公約数は、「204」と「876－204」（＝672）の最大公約数と等しいということになります。そして、204と672の最大公約数は、

「204」と「672 − 204」（＝ 468）の最大公約数と等しいのです。この手順を繰り返していくと、いつか2つの数が等しくなります（なかなか等しくならない組み合わせでも、最終的には1と1で等しくなります）。ここでは、12と12になります。12と12の最大公約数は、当然ですが12です。これで2つの数の最大公約数が求められたので、繰り返しを終了します。この12が、元の2つの数である876と204の最大公約数と等しいのですから、876と204の最大公約数は12になります。

　それでは、「2つの数AとBの最大公約数は、BとA − Bの最大公約数と等しい」のはなぜでしょう。その理由の説明は、数学の授業のようになってしまいますが、理由を理解できてこそアルゴリズムがわかったと言えるので、がんばってお付き合いください。
　まず、図1-4を見てください。

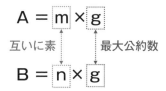

図1-4　2つの数AとBの最大公約数をgとすると、mとnは互いに素

　2つの数AとBの最大公約数をgとすると、A＝mg、B＝ngと表せます。ここで、mとnは、互いに素です。互いに素とは、同じ約数を持たないということです。例えば、876と204の最大公約数は12であり、876 ＝ 73 × 12、204 ＝ 17 × 12と表すと、73と17は互いに素です（図1-5）。

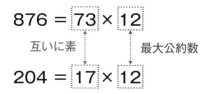

図1-5　876と204の最大公約数は12なので、73と17は互いに素

逆に言えば、73と17が互いに素だからこそ、12は最大公約数なのです。これは、これ以降の説明を理解する上で、重要なポイントです。

　次に、A＝mg、B＝ngと表したので、大きい方から小さい方を引いたA－Bは、

$$A - B = mg - ng$$
$$= (m - n)g$$

となり、A－B＝(m－n)gと表せます。

　次に、mとnが互いに素なら、B＝ngのnと、A－B＝(m－n)gの(m－n)も互いに素です（図1-6）。ということは、gはBとA－Bの最大公約数です。

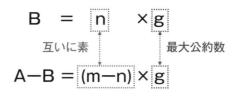

図1-6　nと(m－n)が互いに素なら、gはBとA－Bの最大公約数

　したがって、AとBの最大公約数のgは、BとA－Bの最大公約数でもあるのです。これが、「2つの数AとBの最大公約数は、BとA－Bの最大公約数と等しい」の理由です。

　ここで、もう1つ理由を理解しなければならないことがあります。それは、「mとnが互いに素なら、nと(m－n)も互いに素である」の理由です。これは、背理法で証明できます。

　背理法とは、ある命題が成り立つことを、「その命題が成り立たないと仮定すると矛盾が生じてしまう」ということで証明する技法です。命題とは、真偽を判断できる文章や式です。ここでは、「mとnが互いに素なら、nと(m－n)は互いに素ではない」と仮定すると矛盾が生じてしまうことで、「mとnが互いに素なら、nと(m－n)も互いに素である」を証明してみましょう。図1-7を見てください。

（1）証明したい命題

mとnが互いに素なら、nと(m−n)も互いに素である。

（2）命題が成り立たないと仮定する

mとnが互いに素なら、nと(m−n)は互いに素ではない。

（3）計算で矛盾を導き出す

nと(m−n)が互いに素ではないなら、
mとnが共通の約数dを持つ。
n=xd、(m−n)=ydの両辺を足して整理すると、

n ＋ (m−n) ＝ xd ＋ yd
m ＝ (x＋y) d

となり、m=(x＋y)dとn=xdは共通の約数dを持つ。

（4）矛盾が生じる

mとnが共通の約数を持つということは
（2）の「mとnが互いに素なら」に矛盾する。

（5）証明したい命題は真である

mとnが互いに素なら、nと(m−n)も互いに素である

図1-7　背理法で命題を証明する

　「mとnが互いに素なら、nと(m−n)は互いに素ではない」と仮定したときに、矛盾がないか計算して確認します。「nと(m−n)が互いに素でない」なら、両者は共通の約数を持つはずです。この共通の約数をdとすると、n＝xd、(m−n)＝ydと表せます。両辺に同じ数を足しても等式は成り立つので、それぞれの式の両辺を足して式を整理すると、

n + (m − n) = xd + yd

m = xd + yd

　　= (x + y)d

となり、m = (x + y)dで表せます。n = xdなので、mとnが共通の約数dを持つ
ことになります。これは、仮定の「mとnが互いに素なら」ということに矛盾し
ます。これで仮定が成り立たなくなったので、命題「mとnが互いに素なら、nと
(m − n)も互いに素である」を証明できました。

■ 引き算の繰り返しを剰余算に改良する

　では、ユークリッドの互除法の話に戻ります。ユークリッドの互除法は「2つの
自然数を、割り算の余りを使い、割り切れるまで互いに割り続ける」というアルゴ
リズムでした。図1-1では引き算の繰り返しで最大公約数を求めていますが、この
手順を改良すると、割り算の繰り返しの手順になります。ポイントは、引き算の繰
り返しは、剰余算（割り算の余りを求めること）で実現できる、ということです。

　引き算の繰り返しは剰余算で実現できる、ということは、何ら不思議なことでは
ありません。割り算は、「分割する」ことですが、「何回引けるか」ということで
もあるからです。

剰余算で最大公約数を求める

　もう一度、図1-2の引き算の繰り返しで876と204の最大公約数を求める手順
を見てください。例えば、876から204は4回引けて60余りますが、これは876
を204で割った商が4で剰余が60ということと同じです。同じ結果が得られるの
ですから、何度も繰り返し引き算をするより、剰余算の方が効率的です。

　このことは、876 % 204 = 60という剰余算で表せます。これは、876を204で
割ると余りが60になることを示しています。ここでは、剰余算に「%」という演
算子を使っています。Pythonでも、剰余算を「%」で表すからです。

　図1-8は、2つの数AとB（A＞Bだとします）の最大公約数を剰余算で求める
手順をフローチャートに示したものです。

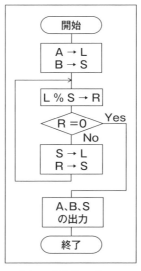

図1-8　最大公約数を剰余算で求めるフローチャート

　大きい方のAをLに代入し、小さい方のBをSに代入して、LをSで割った余り
をRに代入します。このRが0なら、つまり、LをSで割り切れたら、Sが最大公
約数であると確定するので、処理を終了します。そうでない場合は、次の剰余算
においてSが大きい方になるのでLに代入し、Rが小さい方になるのでSに代入し
て、処理を繰り返します。

　この手順で876と204の最大公約数を求めると図1-9のようになります。

L	S	R
（1）876 % 204 = 60 は0ではないので、Lを204、Sを60で更新する。
（2）204 %　60 = 24 は0ではないので、Lを60、Sを24で更新する。
（3）　60 %　24 = 12 は0ではないので、Lを24、Sを12で更新する。
（4）　24 %　12 = 0 なので、処理を終了する（最大公約数は12）。

図1-9　876と204の最大公約数を剰余算で求める手順

　引き算の繰り返しでは、全部で11回の処理が行われましたが、剰余算では、わ
ずか4回の処理で済んでいます。とても効率的です。

プログラムを作成してみましょう。リスト1-2は、キー入力された2つの数の最大公約数を剰余算で求めるプログラムです。このプログラムをsample2.pyというファイル名で作成してください。

リスト1-2　最大公約数を剰余算で求めるプログラム（sample2.py）

```python
# 2つの数をキー入力する
a = int(input("A --> "))
b = int(input("B --> "))

# ここからはフローチャートと同様
l = a
s = b
while True:
  r = l % s
  if r == 0:  # 剰余が0なら繰り返しを抜ける
    break
  l = s
  s = r
print(a, b, s)
```

sample2.pyの実行結果の例を図1-10に示します。876と204の最大公約数として12が得られました。

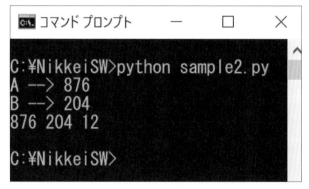

図1-10　sample2.pyの実行結果の例

■ 最小公倍数を求めるアルゴリズムに改良する

　数学の授業では、最大公約数と一緒に最小公倍数を学んだかと思います。最大公約数を求めるアルゴリズムがわかったので、それを応用して最小公倍数を求めるアルゴリズムを考えましょう。

足し算の繰り返しで最小公倍数を求める

　「引き算を繰り返して最大公約数を求められるのだから、足し算を繰り返せば最小公倍数を求められる」と思い付いたなら、鋭いです。その手順で最小公倍数を求められます。

　2つの数（自然数）AとBの最小公倍数は、「2つの数のうち、小さい方に元の値を足すことを、両者が等しくなるまで繰り返す」という手順で求められます。等しくなった値が、最小公倍数です。この手順のフローチャートを図1-11に示します。

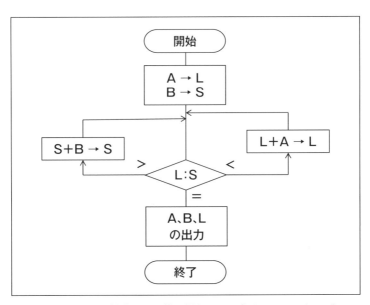

図1-11　最小公倍数を足し算の繰り返しで求めるフローチャート

このフローチャートは、図1-1に示した最大公約数を求めるフローチャートとよ

く似ています。

この手順で、876と204の最小公倍数を求めると、図1-12のようになります。

L	S

（1）876 > 204 なので、S を 204+204 で更新する。
（2）876 > 408 なので、S を 408+204 で更新する。
（3）876 > 612 なので、S を 612+204 で更新する。
（4）876 > 816 なので、S を 816+204 で更新する。
（5）876 < 1020 なので、L を 876+876 で更新する。

     :

    （ 中　略 ）

     :

（87）14892 > 14484 なので、S を 14484+204 で更新する。
（88）14892 > 14688 なので、S を 14688+204 で更新する。
（89）14892 = 14892 なので、処理を終了する（最小公倍数は 14892）。

図1-12　876と204の最小公倍数を足し算の繰り返しで求める手順

全部で89回の処理を行って、14892という結果が得られます。

プログラムを作成してみましょう。リスト1-3は、キー入力された2つの数の最小公倍数を求めるプログラムです。キー入力すること以外は、図1-11に示されたフローチャートと同様の内容にしてあります。このプログラムをsample3.pyというファイル名で作成してください。

リスト1-3　足し算の繰り返しで最小公倍数を求めるプログラム（sample3.py）

```
# 2つの数をキー入力する
a = int(input("A --> "))
b = int(input("B --> "))

# ここからはフローチャートと同様
l = a
s = b
while True:
```

次ページに続く

```
  if l > s:
    s = s + b
  elif s > l:
    l = l + a
  else:    # lとsが等しいなら繰り返しを抜ける
    break
print(a, b, l)
```

　sample3.pyの実行結果の例を図1-13に示します。

図1-13　sample3.pyの実行結果の例

　876と204の最小公倍数として14892が得られました。

■ 最大公約数を利用して最小公倍数を求める改良をする

　足し算を繰り返すという手順は、876と204の最小公倍数を求めるのに、全部で89回の繰り返しを行うので、あまり効率的ではありません。アルゴリズムを改良してみましょう。

最小公倍数を求めるアルゴリズムを効率化する

　「引き算の繰り返しを剰余算に改良できたのだから、足し算の繰り返しを乗算（掛け算）に改良できるのではないか？」と思われるかもしれませんが、実は、もっと簡単な手順があります。それは「2つの数を掛けて、最大公約数で割る」という

手順です。これは、言われてみれば「ああ、そうか！」と思う人もいるでしょう。この手順なら、最大公約数を求める処理回数＋計算処理1回で済みます。このように、アルゴリズムを改良するときには、既知のアルゴリズムを利用することもできるのです。

　「2つの数を掛けて、最大公約数で割る」という手順で最小公倍数を求められる理由を説明しましょう。「もう説明を読むのは疲れた！」と言われてしまうかも知れませんので、簡単に説明します。数学の授業で、「AとBの最大公約数をG、最小公倍数をLとすると、AB＝GLである（2つの数の積は、最大公約数と最小公倍数の積に等しい）」ということを習ったことでしょう（このことの証明は、授業でやったと思いますので、ここでは省略します）。この式を変型すると、

AB＝GL
L＝AB／G

となるので、最小公倍数は「2つの数を掛けて、最大公約数で割る」という計算で求められます。

　プログラムを作成してみましょう。リスト1-4は、キー入力された2つの数の最小公倍数を求めるプログラムです。このプログラムをsample4.pyというファイル名で作成してください。

リスト1-4　最大公約数を使って最小公倍数を求めるプログラム（sample4.py）

```
# 2つの数をキー入力する
a = int(input("A --> "))
b = int(input("B --> "))

# 最大公約数を求める
l = a
s = b
while True:
  r = l % s
  if r == 0:   # 剰余が0なら繰り返しを抜ける
    break
  l = s
  s = r
gcd = s
```

次ページに続く

```
# 最小公倍数を求める
lcm = a * b // gcd

# 2つの数と最小公倍数を表示する
print(a, b, lcm)
```

リスト1-4では、AとBの数をキー入力して、剰余算で最大公約数を求め、Aと
Bを掛けて最大公約数で割る、という手順で最小公倍数を求めています。ここで
は、最大公約数を変数gcd（greatest common divisorの略）に、最小公倍数を
変数lcm（least common multipleの略）に格納しています。

sample4.pyの実行結果の例を図1-14に示します。

図1-14　sample4.pyの実行結果の例

　876と204の最小公倍数として14892が得られました。876と204の最大公約
数の12を求めるのに4回の処理が行われ、さらに876×204÷12＝14892という
1回の計算処理で最小公倍数を求めているので、処理回数は全部で5回です。足し
算の繰り返しの89回と比べて、ずっと効率的です。

　ちなみに、最大公約数と最小公倍数は、あらかじめPythonに用意されている
mathモジュールのgcd関数とlcm関数で求められます。ここではアルゴリズムを
理解することが目的なので、モジュールを使わずにプログラムを作りました。

「素数を判定する
アルゴリズム」を
改良する

本章のポイント

基本のアルゴリズム

「力まかせ法」で素数を判定する

素数を判定する簡単なアルゴリズムは、現時点ではありません。ここでは「力まかせ法」を使って整数nが素数かどうかを判定します。

改良テクニック1

「力まかせ法」の処理回数を少なくする

力まかせ法では、整数nの数が大きくなるほど、処理回数が多くなります。処理回数を少なくする改良を行います。

改良テクニック2

「エラトステネスのふるい」を使う

素数の一覧表を作るアルゴリズムに「エラトステネスのふるい」があります。これを使って素数判定を行うプログラムを作ります。

改良テクニック3

「エラトステネスのふるい」の処理回数を少なくする

エラトステネスのふるいに対して、改良テクニック1を使って処理回数を少なくすることができます。その方法を解説します。

2章 「素数を判定する アルゴリズム」を改良する

本章では、素数を判定するアルゴリズムを紹介し、その処理回数を少なくするための改良テクニックを解説します。さらに、素数の一覧表を作成する「エラトステネスのふるい」というアルゴリズムを使って、素数を判定するプログラムを作ります。

■「力まかせ法」で素数を判定する

「素数」とは、1以外の正の整数のうち、1とその数自身でしか割り切れない数のことです。1は、素数ではないと決められています。ですので、例えば100以下の素数は、「2、3、5、7、11、13、17、19、23、29、31、37、41、43、47、53、59、61、67、71、73、79、83、89、97」です。

正の整数nが、素数であるかどうかを判定するアルゴリズムを考えてみましょう。

力まかせ法

素数を判定する簡単なアルゴリズムは、現時点では見つかっていません。素数を判定するには、あらゆる数で割ってみて、割り切れる数が見つかれば素数でないと判定し、割り切れる数が見つからなければ素数であると判断するしかないのです。これを「力まかせ法」といいます。

100以下の素数を判定する力まかせ法のプログラムをリスト2-1に示します。このプログラムをis_prime1.pyというファイル名で作成してください。

リスト2-1　力まかせ法で素数を判定するプログラム（is_prime1.py）

```
# 引数nが素数かどうか判定する関数の定義
def is_prime(n): ─────────────────────┐
    # 1は素数ではない                              (1)
    if (n == 1):
```

次ページに続く

```
        return False

    # 2は素数である
    if (n == 2):
        return True

    # 2からn−1までのすべての整数で割ってみる
    div = 2              # 除数の初期値
    max = n - 1          # 2からmaxまでで割ってみる
    while (div <= max):
        # 割り切れる数が見つかれば素数ではない
        if (n % div == 0):
            return False
        # 除数を1増やす
        div += 1

    # 割り切れる数が見つからなければ素数である
    return True
```

```
# 100以下のすべての素数を表示するプログラム
if __name__ == '__main__':
    # 100以下のすべての素数を表示する
    n = 1
    while (n <= 100):
        if (is_prime(n)):
            print(n, ", ", sep="", end="")
        n += 1
    print()
```

（2）

（1）

（3）

　（1）は、引数で指定された正の整数nが素数かどうかを判定する関数です。素数のことを英語でprime numberというので、この関数をis_primeという名前にしています。is_prime関数は、引数nが素数ならTrueを返し、素数でないならFalseを返します。

　nが素数かどうかを判定するためには、nを「1からnまでのすべての整数」で割り、割り切れるかどうかを確認する必要があります。引数nは正の整数なので、1とnでは必ず割り切れます。ですので、（2）では、nを「2からn−1までのすべての整数」で繰り返し割り、割り切れるかどうかを確認しています。

　ただし、nが1のときと2のときは、（2）のように除数（割る数）を「2からn−1までのすべての整数」に変化させる繰り返し処理では、正しく計算できませ

ん。（2）の処理では、nが1のときは「2から0（＝1−1）までのすべての整数」に、nが2のときは「2から1（＝2−1）までのすべての整数」に、除数を変化させることになるからです。

よって、nが1のときと2のときは、それぞれ別の処理を行っています。nが1のときは無条件でFalseを返し、nが2のときは無条件でTrueを返します。

（3）では、is_prime関数を使って、100以下のすべての素数を表示しています。

is_prime1.pyの実行結果を図2-1に示します。

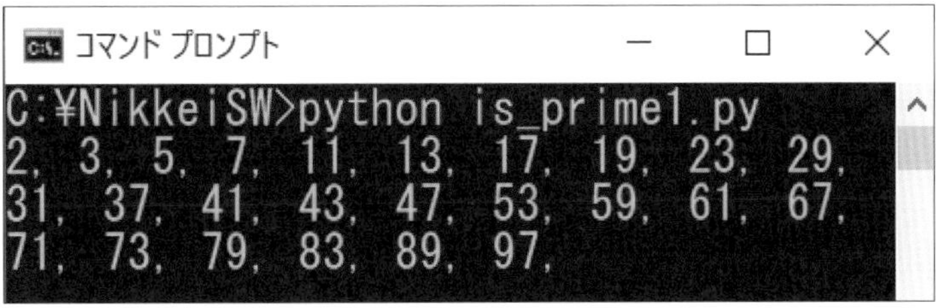

図2-1　is_prime1.pyの実行結果

100以下のすべての素数が正しく表示されました。

■「力まかせ法」の処理回数を少なくする

nを「2からn−1までのすべての整数」で繰り返し割るという力まかせなアルゴリズムでは、nが大きな数であればあるほど、割り算の処理回数が多くなってしまいます。そこで、力まかせ法のプログラムを改良しましょう。

例えば、61が素数であることを判定してみましょう。その場合、2から60までのすべての整数で割ることになるので、全部で59回の割り算の処理を行います。しかし、処理回数は工夫すればもっと少なくできます。図2-2に、「改良A」から「改良C」までの3つの改良方法を示します。

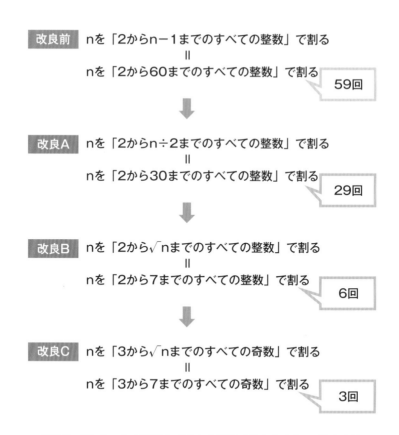

図2-2　61（＝n）が素数かどうかを判定するときの3つの改良方法

　61が素数かどうかを判定するケースにおいての3つの改良方法を順番に説明しましょう。

2からn÷2までのすべての整数で割る（改良A）

　改良Aでは、nを「2からn÷2までのすべての整数」で繰り返し割り、割り切れるかどうかを確認するというアルゴリズムを使います。

　と言われてもピンときませんね。なぜこのように改良できるのでしょうか。

　その理由は、数は、その数の半分より大きな値で割っても、割り切れることはないからです。例えば、61は、30（61÷2＝30.5の小数点以下をカットした値）より大きな値で割っても、割り切れることはありません。したがって、素数を判定

するためには、nを「"2"から"n÷2で求められる数の小数点以下をカットした値"までのすべての整数」で繰り返し割ってみれば十分です。

このアルゴリズムを使う場合、61が素数であることを判定するには、「2から30までのすべての整数」で割ることになります。このようにすると、全部で29回の割り算の処理で済みます。

2から√nまでのすべての整数で割る（改良B）

改良Bでは、nを「2から√nまでのすべての整数」で繰り返し割り、割り切れるかどうかを確認するというアルゴリズムを使います。この改良方法は、1つ目の改良方法よりも割り算の処理回数を少なくできます。

なぜこのように改良できるかを説明しましょう。

もし、nが素数でないなら、nは以下のように2つの数の掛け算で表すことができます。

$$n = A \times B$$

一方で、nは以下の式で表すこともできます。

$$n = \sqrt{n} \times \sqrt{n}$$

この2つの式から、AとBの値が両方とも√nより大きい値になることはあり得ないことがわかります。したがって、nを「2から√nまでのすべての整数」で繰り返し割れば、割り切れるかどうかを確認できるのです。

このアルゴリズムを使って、61が素数であることを判定してみましょう。その場合、「2から√61までのすべての整数」で割ることになります。√61 ≒ 7（小数点以下カット）です。つまり「2から7までのすべての整数」で割ることになるので、全部で6回の割り算の処理で済みます。

ここまでの工夫を加える前は、割り算の処理回数は全部で59回だったので、大幅に処理回数を減らせました。

3から√nまでのすべての奇数で割る（改良C）

2つ目の改良方法に、もう1つ工夫を加えたのが改良Cです。

改良Cでは、nを「3から√nまでのすべての奇数」で繰り返し割り、割り切れ

るかどうかを確認するというアルゴリズムを使います。このように改良できる理由を説明します。

　前提とするのは、「2より大きい素数はすべて奇数である」という事実です。2は素数ですが、2より大きい偶数は2で割れるので素数ではありません。したがって、nが2より大きい偶数ならば、その時点で素数でないと判断できます。

　そして、もし奇数nが素数でないなら、nを2つの数の掛け算でn＝A×Bと表したときのAとBはどちらも奇数です。なぜなら、図2-3に示すように、AとBのどちらか一方または両方が偶数なら、A×Bは偶数になるからです。

偶数＝偶数×偶数
偶数＝偶数×奇数
偶数＝奇数×偶数
奇数＝奇数×奇数

図2-3　偶数と奇数の掛け算の全パターン

　そしてまた、前述したように、「n＝A×B」は「n＝$\sqrt{n}$×$\sqrt{n}$」と表すことができるので、AもBも$\sqrt{n}$も、すべて奇数です。つまり「奇数が素数でないならその数を奇数で割れる」と言えます。

　したがって、奇数nが素数かどうかを判定するには、「3から$\sqrt{n}$までのすべての奇数」で繰り返し割ってみて、割り切れるかどうかを確認すれば十分なのです。

　このアルゴリズムを使って、61が素数であることを判定してみましょう。その場合、「3から7のすべての奇数」で割ることになります。つまり、3、5、7で割ることになるので、全部で3回の割り算で済みます。先ほどの割り算の処理回数の6回から、3回に減らせました。

　リスト2-2は、リスト2-1のis_prime関数を、改良Cの方法で改良したプログラムです。このプログラムをis_prime2.pyというファイル名で作成します。

リスト2-2　改良した力まかせ法で素数を判定するプログラム（is_prime2.py）

```python
import math

# 引数nが素数かどうか判定する関数の定義
def is_prime(n):
    # 1は素数ではない
    if (n == 1):
        return False

    # 2は素数である
    if (n == 2):
        return True

    # 2より大きい偶数は素数ではない
    if (n % 2 == 0):
        return False

    # 3は素数である
    if (n == 3):
        return True

    # 3から√nまでのすべての奇数で割ってみる
    div = 3                     # 除数の初期値
    max = int(math.sqrt(n))   # 3からmaxまでで割ってみる
    while (div <= max):
        # 割り切れる数が見つかれば素数ではない
        if (n % div == 0):
            return False
        # 除数を2増やす（次の奇数に進める）
        div += 2

    # 割り切れる数が見つからなければ素数である
    return True

# 100以下のすべての素数を表示するプログラム
if __name__ == '__main__':
    # 100以下のすべての素数を表示する
    n = 1
    while (n <= 100):
        if (is_prime(n)):
            print(n, ", ", sep="", end="")
        n += 1
    print()
```

詳しいコメントを付けてありますので、コメントを参考にしてプログラムを読んでください。

is_prime2.pyの実行結果を図2-4に示します。

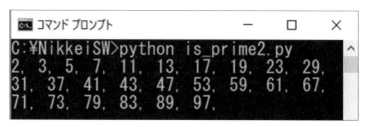

図2-4　is_prime2.pyの実行結果

100以下のすべての素数が正しく表示され、その中に61も含まれています。

■「エラトステネスのふるい」を使う

現時点では素数を判定する簡単なアルゴリズムは見つかっていないと前述しました。しかし、頻繁に素数の判定をすることがあるなら、あらかじめ素数の一覧表を作り、それを参照すれば効率的です。

例えば、100以下の素数は「2、3、5、7、11、13、17、19、23、29、31、37、41、43、47、53、59、61、67、71、73、79、83、89、97」であることがわかっています。もし、頻繁に「100以下のnが素数かどうか」を判定するなら、これを一覧表にするとよいでしょう。一覧表を参照すれば、1回の処理でnが素数かどうかを判定できます。

素数の一覧表を得るアルゴリズムとして、「エラトステネスのふるい」が知られています。これを使って素数を判定する方法を説明します。

エラトステネスのふるい

「エラトステネスのふるい」とは、「素数の倍数」をふるい落とすことによって、素数だけを残すイメージのアルゴリズムです。素数の倍数は素数ではないので、ふるい落とせるのです。

エラトステネスとは、このアルゴリズムを考案した古代ギリシアの科学者の名前

（Eratosthenes、紀元前276年頃〜紀元前194年頃）です。

エラトステネスのふるいを使って、100以下の素数の一覧表を作ってみましょう。手順を図2-5に示します。

【手順1】 1から100までの一覧表を作成する

【手順2】 1にFalse、それ以外のすべての要素にTrueを格納する

【手順3】 2は素数である。2の倍数は素数ではないのでFalseにする

【手順4】 2より大きくて最初にTrueになっている3は素数である
　　　　　3の倍数は素数ではないのでFalseにする

【手順5】 3より大きくて最初にTrueになっている5は素数である
　　　　　5の倍数は素数ではないのでFalseにする

【手順6】 5より大きくて最初にTrueになっている7は素数である
　　　　　7の倍数は素数ではないのでFalseにする

【手順7】 7より大きくて√100＝10までにTrueになっている数はないので、
　　　　　素数の一覧表が完成する

図2-5　エラトステネスのふるいで100以下の素数の一覧表を作る手順

【手順1】から【手順7】までを順番に説明していきます。

図2-6を見てください。図2-6は【手順1】と【手順2】が完了した状態です。

1	2	3	4	5	6	7	8	9	10
False	True	True	True	True	True	True	True	True	True
11	12	13	14	15	16	17	18	19	20
True	True	True	True	True	True	True	True	True	True
21	22	23	24	25	26	27	28	29	30
True	True	True	True	True	True	True	True	True	True
31	32	33	34	35	36	37	38	39	40
True	True	True	True	True	True	True	True	True	True
41	42	43	44	45	46	47	48	49	50
True	True	True	True	True	True	True	True	True	True
51	52	53	54	55	56	57	58	59	60
True	True	True	True	True	True	True	True	True	True
61	62	63	64	65	66	67	68	69	70
True	True	True	True	True	True	True	True	True	True
71	72	73	74	75	76	77	78	79	80
True	True	True	True	True	True	True	True	True	True
81	82	83	84	85	86	87	88	89	90
True	True	True	True	True	True	True	True	True	True
91	92	93	94	95	96	97	98	99	100
True	True	True	True	True	True	True	True	True	True

※素数ならTrue、素数でないならFalse

図2-6　1から100までの一覧表を作成し、1にFalse、
それ以外のすべての要素にTrueを格納する（手順1、手順2）

　【手順1】で、1から100までの一覧表を作ります。これは、n（1から100までの数）が素数かどうかを示す一覧表です。この一覧表は、このあとで示すプログラムでは、配列p_list[1]〜p_list[100]として表します。配列p_listの添字はnに対応します。配列p_list[1]〜p_list[100]には、n（1から100までの数）が素数ならTrueを、素数でないならFalseを格納していきます。

　【手順2】では、素数でない1をFalseにして、それ以外のすべての要素をTrueにしています。

　【手順3】を図2-7に示します。

1	2	3	4	5	6	7	8	9	10
False	True	True	False	True	False	True	False	True	False
11	12	13	14	15	16	17	18	19	20
True	False	True	False	True	False	True	False	True	False
21	22	23	24	25	26	27	28	29	30
True	False	True	False	True	False	True	False	True	False
31	32	33	34	35	36	37	38	39	40
True	False	True	False	True	False	True	False	True	False
41	42	43	44	45	46	47	48	49	50
True	False	True	False	True	False	True	False	True	False
51	52	53	54	55	56	57	58	59	60
True	False	True	False	True	False	True	False	True	False
61	62	63	64	65	66	67	68	69	70
True	False	True	False	True	False	True	False	True	False
71	72	73	74	75	76	77	78	79	80
True	False	True	False	True	False	True	False	True	False
81	82	83	84	85	86	87	88	89	90
True	False	True	False	True	False	True	False	True	False
91	92	93	94	95	96	97	98	99	100
True	False	True	False	True	False	True	False	True	False

図2-7　2は素数である。2の倍数は素数ではないのでFalseにする（手順3）

図2-7では、素数である2をTrueのままにして、2の倍数をFalseにしています。

【手順4】を図2-8に示します。

1	2	3	4	5	6	7	8	9	10
False	True	True	False	True	False	True	False	False	False
11	12	13	14	15	16	17	18	19	20
True	False	True	False	False	False	True	False	True	False
21	22	23	24	25	26	27	28	29	30
False	False	True	False	True	False	False	False	True	False
31	32	33	34	35	36	37	38	39	40
True	False	False	False	True	False	True	False	False	False
41	42	43	44	45	46	47	48	49	50
True	False	True	False	False	False	True	False	True	False
51	52	53	54	55	56	57	58	59	60
False	False	True	False	True	False	False	False	True	False
61	62	63	64	65	66	67	68	69	70
True	False	False	False	True	False	True	False	False	False
71	72	73	74	75	76	77	78	79	80
True	False	True	False	False	False	True	False	True	False
81	82	83	84	85	86	87	88	89	90
False	False	True	False	True	False	False	False	True	False
91	92	93	94	95	96	97	98	99	100
True	False	False	False	True	False	True	False	False	False

図2-8　3は素数である。3の倍数は素数ではないのでFalseにする（手順4）

　図2-8では、2より大きくて最初にTrueになっている3に注目します。3は素数であると確定するのでTrueのままにして、3の倍数をFalseにします。

　同様の手順を、n＝10まで繰り返します。100以下のnが素数かどうかを判定するとき、10（＝√100）までの処理でよい理由は、先ほどの改良Bで説明した通りです。

【手順5】を図2-9に示します。

1	2	3	4	5	6	7	8	9	10
False	True	True	False	True	False	True	False	False	False
11	12	13	14	15	16	17	18	19	20
True	False	True	False	False	False	True	False	True	False
21	22	23	24	25	26	27	28	29	30
False	False	True	False	False	False	False	False	True	False
31	32	33	34	35	36	37	38	39	40
True	False	False	False	False	False	True	False	False	False
41	42	43	44	45	46	47	48	49	50
True	False	True	False	False	False	True	False	True	False
51	52	53	54	55	56	57	58	59	60
False	False	True	False	False	False	False	False	True	False
61	62	63	64	65	66	67	68	69	70
True	False	False	False	False	False	True	False	False	False
71	72	73	74	75	76	77	78	79	80
True	False	True	False	False	False	True	False	True	False
81	82	83	84	85	86	87	88	89	90
False	False	True	False	False	False	False	False	True	False
91	92	93	94	95	96	97	98	99	100
True	False	False	False	False	False	True	False	False	False

図2-9　5は素数である。5の倍数は素数ではないのでFalseにする（手順5）

　図2-9では、3より大きくて最初にTrueになっている5に注目します。5は素数であると確定するのでTrueのままにして、5の倍数をFalseにします。

【手順6】を図2-10に示します。

1	2	3	4	5	6	7	8	9	10
False	True	True	False	True	False	True	False	False	False
11	12	13	14	15	16	17	18	19	20
True	False	True	False	False	False	True	False	True	False
21	22	23	24	25	26	27	28	29	30
False	False	True	False	True	False	False	False	True	False
31	32	33	34	35	36	37	38	39	40
True	False	False	False	False	False	True	False	False	False
41	42	43	44	45	46	47	48	49	50
True	False	True	False	False	False	True	False	False	False
51	52	53	54	55	56	57	58	59	60
False	False	True	False	False	False	False	False	True	False
61	62	63	64	65	66	67	68	69	70
True	False	False	False	False	False	True	False	False	False
71	72	73	74	75	76	77	78	79	80
True	False	True	False	False	False	False	False	True	False
81	82	83	84	85	86	87	88	89	90
False	False	True	False	False	False	False	False	True	False
91	92	93	94	95	96	97	98	99	100
False	False	False	False	False	False	True	False	False	False

図2-10　7は素数である。7の倍数は素数ではないのでFalseにする（手順6）

　図2-10では、5より大きくて最初にTrueになっている7に注目します。7は素数であると確定するのでTrueのままにして、7の倍数をFalseにします。

【手順7】を図2-11に示します。

1	2	3	4	5	6	7	8	9	10
False	True	True	False	True	False	True	False	False	False
11	12	13	14	15	16	17	18	19	20
True	False	True	False	False	False	True	False	True	False
21	22	23	24	25	26	27	28	29	30
False	False	True	False	False	False	False	False	True	False
31	32	33	34	35	36	37	38	39	40
True	False	False	False	False	False	True	False	False	False
41	42	43	44	45	46	47	48	49	50
True	False	True	False	False	False	True	False	False	False
51	52	53	54	55	56	57	58	59	60
False	False	True	False	False	False	False	False	True	False
61	62	63	64	65	66	67	68	69	70
True	False	False	False	False	False	True	False	False	False
71	72	73	74	75	76	77	78	79	80
True	False	True	False	False	False	False	False	True	False
81	82	83	84	85	86	87	88	89	90
False	False	True	False	False	False	False	False	True	False
91	92	93	94	95	96	97	98	99	100
False	False	False	False	False	False	True	False	False	False

図2-11　素数の一覧表が完成した（手順7）

図2-11では、7より大きくて10（=√100）までにTrueになっている数はありません。これで、素数の一覧表が完成しました。

エラトステネスのふるいを使ったプログラム

素数の一覧表ができたので、その一覧表を参照して素数を判定するプログラムを作りましょう。

リスト2-3は、引数n以下の素数の一覧表を返すmake_p_list関数の定義と、素数の一覧表を参照して素数を判定するis_prime関数の定義、および、それらを使って100以下のすべての素数を表示するプログラムです。このプログラムをis_prime3.pyというファイル名で作成してください。

リスト2-3　素数の一覧表を使って素数を判定するプログラム（is_prime3.py）

```python
import math

# 素数のリスト(グローバル変数)
p_list = None

# make_p_list関数の処理回数(グローバル変数)
count = 0

# 引数n以下の素数の一覧表を返す関数の定義
def make_p_list(n):
    # グローバル変数を参照する
    global p_list, count

    # 要素数n+1個の配列を作り、すべての要素をTrueで初期化する
    p_list = [True] * (n + 1)

    # 0は素数ではない
    p_list[0] = False

    # 1は素数ではない
    p_list[1] = False

    # 処理回数をカウントする
    count = 1

    # 素数pの倍数にTrueを設定する
    p = 2                            # 2は素数である
    max = int(math.sqrt(n))   # 2から√nまでチェックする
    while (p <= max):
        # p_list[p]がTrueならpは素数である
        if (p_list[p]):
            # 素数pの倍数をFalseにする
            q = p * 2
            while (q <= n):
                p_list[q] = False
                q += p
                # 処理回数をカウントする
                count += 1
        p += 1

# 引数nが素数かどうか判定する関数の定義
def is_prime(n):
```

（1）

次ページに続く

```
    # グローバル変数を参照する
    global p_list

    # 素数の一覧表を参照して素数を判定する
    return p_list[n]

# 100以下のすべての素数を表示するプログラム
if __name__ == '__main__':
    # 100以下の素数の一覧表を作成する
    make_p_list(100)

    # 100以下のすべての素数を表示する
    n = 1
    while (n <= 100):
        if (is_prime(n)):
            print(n, ", ", sep="", end="")
        n += 1
    print()

    # 処理回数を表示する
    print(f"処理回数 = {count}")
```

　詳しいコメントを付けてありますので、コメントを参考にしてプログラムを読んでください。

　(1) のmake_p_list関数は、このあとで改良します。改良前と改良後の処理回数を比較するために、配列の要素にFalseが設定された回数を表示する機能を組み込んでいます。Pythonの配列（Pythonのリスト）の添字は0から始まるので、p_list[0]にもFalseを設定していますが、この処理回数はカウントしていません。

　is_prime3.pyの実行結果を図2-12に示します。

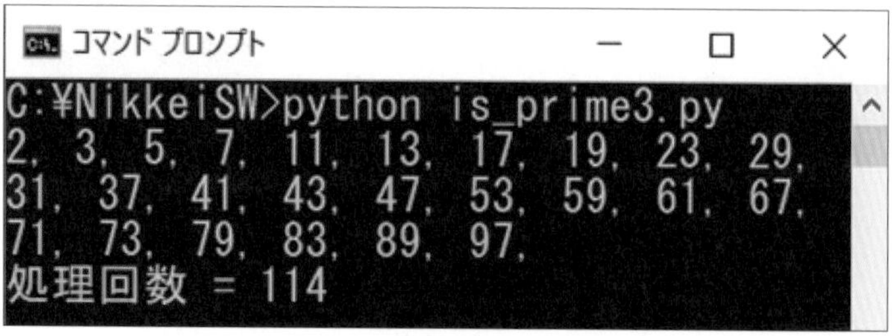

図2-12　is_prime3.pyの実行結果

　100以下のすべての素数が正しく表示されました。make_p_list関数の処理回数
は、114回です。

■「エラトステネスのふるい」の処理回数を少なくする

　100以下の素数の一覧表を作成するための処理回数が114回というのは多いよ
うに感じます。make_p_list関数を改良しましょう。

ふるい落とす条件を改良する

　すでにお気付きだと思いますが、リスト2-3の（1）のmake_p_list関数は、「2
より大きい素数はすべて奇数である」「奇数が素数でないならその数を奇数で割れ
る」という考え方を使って改良できます。

　リスト2-4は、改良後のmake_p_list関数の定義です。リスト2-3の（1）のma
ke_p_list関数の内容をリスト2-4に書き換えて、is_prime4.pyというファイル名
で保存してください。

リスト2-4　改良後のmake_p_list関数の定義（is_prime4.pyの一部）

```
# 引数n以下の素数の一覧表を返す関数の定義
def make_p_list(n):
    # グローバル変数を参照する
    global p_list, count

    # 要素数n+1個の配列を作り、すべての要素をTrueで初期化する
    p_list = [True] * (n + 1)
```

次ページに続く

```python
# 0は素数ではない
p_list[0] = False

# 1は素数ではない
p_list[1] = False

# 処理回数をカウントする
count = 1

# 2より大きい偶数をFalseに設定する
p = 4
while (p <= n):
    p_list[p] = False
    p += 2
    # 処理回数をカウントする
    count += 1


# 素数pの奇数倍にFalseを設定する
p = 3                       # 3は素数である
max = int(math.sqrt(n))   # 3から√nまでチェックする
while (p <= max):
    # p_list[p]がTrueならpは素数である
    if (p_list[p]):
        mul = 3             # 奇数の乗数の初期値
        q = p * mul         # 素数pの奇数倍をqに得る
        while (q <= n):
            # 素数pの奇数倍をFalseにする
            p_list[q] = False
            # 次の奇数倍に設定する
            mul += 2
            q = p * mul
            # 処理回数をカウントする
            count += 1
    p += 1
```

　リスト2-4のmake_p_list関数では、2より大きい偶数をすべてFalseに設定してから、3以上の素数の奇数倍にFalseを設定する処理を行っています。ここでも、詳しいコメントを付けてありますので、コメントを参考にしてプログラムを読んでください。

is_prime4.pyの実行結果を図2-13に示します。

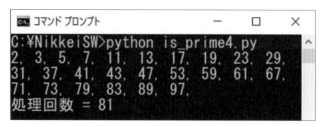

図2-13　is_prime4.pyの実行結果

100以下のすべての素数が正しく表示されました。make_p_list関数の処理回数は、81回です。81回という処理回数も多いですが、改良前の処理回数は全部で114回だったので、大幅に処理回数を減らせました。

エラトステネスのふるいには、ほかにも工夫を加えられると思いますので、ぜひチャレンジしてみてください。

3

「線形探索」を
改良する

本章のポイント

基本のアルゴリズム

「線形探索」で値を見つける

配列の要素の中から指定された値を見つけるための「線形探索」というアルゴリズムを解説します。

改良テクニック1

「番兵」を使って処理を高速化する

線形探索を効率化するテクニックとして、「番兵」を使ったアルゴリズムを解説します。

. . . .

改良テクニック2

「乱択アルゴリズム」を使って効率化する

さらに線形探索を効率化するテクニックとして、「乱択アルゴリズム」を解説します。

. . . .

改良テクニック3

「m－ブロック法」を使って効率化する

要素が昇順または降順に整列された配列に対して線形探索する場合に使える「m－ブロック法」という効率化テクニックを解説します。

「線形探索」を改良する

　本章では、「線形探索」を解説します。線形探索のアルゴリズムは極めて単純なので、どこにも改良の余地がないように思われるかもしれません。しかし、線形探索を改良する定番のテクニックはいくつかあります。その改良方法を順番に説明していきます。

■「線形探索」で値を見つける

　「線形探索」（sequential search）とは、「目的の値を見つけるために、配列を探索するアルゴリズム」です。手順をひとことで言えば、「配列の先頭から順番にチェックするだけ」です。

　まずは、このシンプルな線形探索の手順を詳しく解説します。

シンプルな線形探索

　要素がランダムに並んだ配列aに対して、線形探索を行います。図3-1を見てください。配列aから変数xと同じ値を探索する手順を示します。

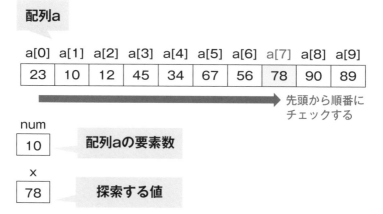

図3-1 配列aから変数xと同じ値を線形探索する

配列aの中に、適当な値がランダムに格納されています。配列aの要素数は、変数numに格納します。ここでは「10」という値です。探索する値は、変数xに格納します。ここでは、「78」という値が、配列aの中にあるかどうかを探索します。

配列の先頭から順番に1つずつ要素を取り出して、それが変数xの値と同じ（＝78）かどうかをチェックしていきます。すると、a[7]の値が、変数xの値と同じ（＝78）であると見つかりました。最初に見つかった要素の添字（ここでは「7」）を、「見つかった位置」として変数posに格納します。見つからない場合は、「－1」（要素の添字としてあり得ない値）を変数posに格納して、手順を終わります。線形探索のアルゴリズムは、とても単純です。

配列を線形探索するプログラム

では、ここまでの説明をPythonのプログラムとして作成しましょう。配列は、Pythonのリストを使って表します。

リスト3-1は、キー入力された変数xの値で配列aを線形探索するプログラムです。このプログラムをsample1.pyというファイル名で作成してください。

リスト3-1　線形探索のプログラム（sample1.py）

```python
# ランダムな配列
a = [23, 10, 12, 45, 34, 67, 56, 78, 90, 89]

# 配列の要素数
num = 10

# 探索する値をキー入力する
x = int(input("探索する値 --> "))

# 見つかった位置を-1で初期化する
pos = -1

# 添字が要素数未満である限り繰り返す
i = 0
while i < num:
    # 同じ値が見つかった場合
    if a[i] == x:
        # 位置を記録して繰り返しを抜ける
        pos = i
        break
    # 添字を1つ先に進める
    i += 1

# 見つかった位置を表示する
print(f"見つかった位置は、{pos}です。")
```

　リスト3-1の内容を説明しましょう。まず、配列の要素を1つずつ取り出して変数xと同じであるかをチェックする処理を、要素の添字が要素数未満である限り繰り返します。つまり、配列の最後のデータまで繰り返すということです。

　見つかった位置を格納する変数posは、見つからないことを意味する「−1」で初期化し、探索して見つかった場合は、その位置を示す添字に書き換えます。

　sample1.pyの実行結果の例を図3-2に示します。

(1) 78 をキー入力した場合

(2) 99 をキー入力した場合

図3-2　sample1.pyの実行結果の例

　78をキー入力すると、7が表示されました。99をキー入力すると、見つからないので、−1が表示されました。

■「番兵」を使って処理を高速化する

　さて、ここからが本題です。単純な線形探索を改良する方法を紹介していきます。

　最初に紹介するのは、「番兵」（sentinel）と呼ばれるテクニックです。番兵は、一般用語では「門番の兵隊さん」という意味ですが、アルゴリズムの分野では「目印となるデータ」を意味します。

番兵を使うと高速化できる理由

　先ほど示した線形探索のプログラムで番兵を使ってみましょう。

　まず配列aの末尾に要素を1つ追加します。そこに番兵として、探索する変数x
と同じ値を格納します。この番兵によって、線形探索の処理が速くなります。

　番兵を使わない場合と使う場合の線形探索の違いを、図3-3に示します。

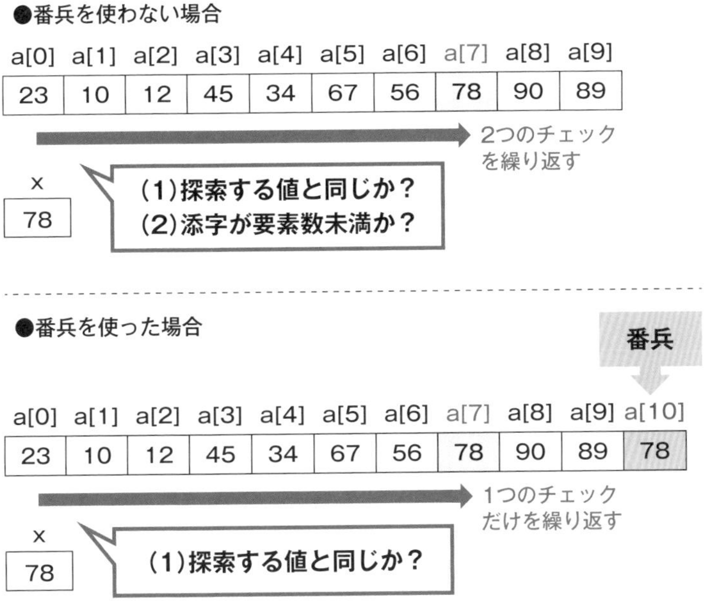

●番兵を使わない場合

a[0] a[1] a[2] a[3] a[4] a[5] a[6] a[7] a[8] a[9]

| 23 | 10 | 12 | 45 | 34 | 67 | 56 | 78 | 90 | 89 |

→ 2つのチェック
を繰り返す

× 78

(1)探索する値と同じか？
(2)添字が要素数未満か？

●番兵を使った場合

番兵

a[0] a[1] a[2] a[3] a[4] a[5] a[6] a[7] a[8] a[9] a[10]

| 23 | 10 | 12 | 45 | 34 | 67 | 56 | 78 | 90 | 89 | 78 |

→ 1つのチェック
だけを繰り返す

× 78

(1)探索する値と同じか？

図3-3　番兵を使わない場合と使った場合の線形探索の違い

　番兵を使うことで、なぜ処理が速くなるのでしょうか。その理由を説明します。
　番兵を使わない線形探索では、配列の要素を1つ取り出すたびに2つのチェックが必要になります。1つは「探索する値と同じか？」というチェックです。もう1つは、このチェックを配列の最後のデータまで繰り返すための「添字が要素数未満か？」というチェックです。

　それに対して、番兵を使った線形探索では、配列の先頭から「探索する値と同じか？」という1つのチェックだけを繰り返し、探索する値と同じ値が見つかったら繰り返しを終了します。この手順では、「添字が要素数未満か？」というチェックが不要になります。なぜなら、番兵が「配列の最後のデータ」の目印になるからです。配列の末尾に、探索する値と同じ値（番兵）があるので、配列の途中で探索する値が見つからなかったとしても、最後に必ず見つかって繰り返しを終了できるのです。繰り返しを終了した位置が番兵の位置より前なら探索する値が見つかったと判断でき、番兵の位置なら見つからなかったと判断できます。

番兵を使った線形探索のプログラム

　リスト3-2は、先ほど作成したリスト3-1のsample1.pyを、番兵を使って改良したプログラムです。sample2.pyというファイル名で作成してください。

リスト3-2　番兵を使った線形探索のプログラム（sample2.py）

```
# ランダムな配列の末尾に要素を1つ追加する ————(1)
a = [23, 10, 12, 45, 34, 67, 56, 78, 90, 89, None]

# 配列の要素数
num = 10

# 探索する値をキー入力する
x = int(input("探索する値 --> "))

# 配列の末尾に番兵を置く ————————————(2)
a[num] = x

# 見つかった位置を-1で初期化する
pos = -1

# 探索する値が見つかるまで繰り返す ————————(3)
i = 0
while a[i] != x:
    # 添字を1つ先に進める ————————(4)
    i += 1

# 見つかった場合 ——————————————(5)
if i < num:
    # 位置を記録する
    pos = i

# 見つかった位置を表示する
print(f"見つかった位置は、{pos}です。")
```

　sample1.pyと比べてsample2.pyには、配列aの要素数を1つ増やしました。

　（1）では、配列aの末尾に、番兵を置く前の仮の値として、空を意味するNoneを格納しています。

　（2）では、配列aの末尾に、キー入力された変数xを、番兵として置きます。

　（3）のwhile文では、リスト3-1の「i < num」（添字が要素数未満である限り

繰り返す）という条件を「a[i] != x」（探索する値が見つかるまで繰り返す）に変更しています。

　(4) は繰り返される処理の内容です。リスト3-1では「探索する値と同じか？」をチェックするif文が必要でしたが、リスト3-2では不要になり、添字を1つ進める処理だけになりました。

　(5) では、while文のあとにif文による処理を追加します。

　リスト3-2では、(1) (2) (5) の処理を追加しているので、リスト3-1よりも処理が増えています。しかし、(3) のwhile文の条件を変更したことで、(4) で処理が2つから1つに減っていることに注目してください。1回しか行われない処理である (1) (2) (5) が増えても、何度も繰り返される処理である (4) が減っているので、処理が速くなるのです。

　sample2.pyの実行結果は、図3-2のsample1.pyの実行結果と同じです。

■「乱択アルゴリズム」を使って効率化する

　次に紹介するのは、アルゴリズムの中で無作為性を利用する「乱択アルゴリズム」（randomized algorithm）と呼ばれるテクニックです。これを使って線形探索を改良する方法を解説します。

乱択アルゴリズムとは

　これまでに示した線形探索では、配列の先頭からチェックしていましたが、探索する値が配列の後ろの方にある場合は、配列の末尾からチェックした方が効率的です。ただし、探索する値が、前の方にあるか、後ろの方にあるかは、データによって様々です。そこで、常に配列の先頭からチェックすると決めずに、先頭からチェックするか末尾からチェックするかを無作為に決めれば、平均的に効率がよくなる、と考えるのが、乱択アルゴリズムです。

　例えば、線形探索で78を見つけるとしましょう。常に配列の先頭からチェックする例を図3-4に示します。ここでは78でない要素の値を省略しています。

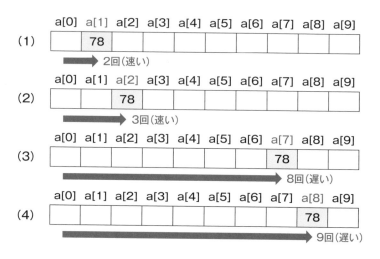

図3-4　常に配列の先頭からチェックする場合

　図3-4の（1）から（4）までの配列において、常に先頭からチェックすると、処理回数は、それぞれ2回、3回、8回、9回となります。（1）と（2）の配列では処理が速いときが続き、（3）と（4）の配列では処理が遅いときが続いています。（3）と（4）のような配列ばかりでデータに偏りがある場合、チェックの効率が悪くなってしまいます。

　それに対して、乱択アルゴリズムを使う例を図3-5に示します。

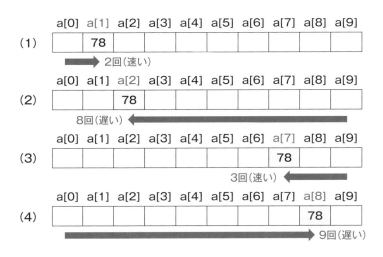

図3-5　乱択アルゴリズムを使ってチェックする場合

　図3-5の（1）から（4）までの配列において、前から、後ろから、後ろから、前から、と無作為にチェックすると、処理回数は、2回、8回、3回、9回となります。速いときが続く可能性も、遅いときが続く可能性も低くなります。これが、平均的に効率がよくなる、ということです。

乱択アルゴリズムを使った線形探索

　リスト3-3は、リスト3-1のsample1.pyを、乱択アルゴリズムを使って改良したプログラムです。sample3.pyというファイル名で作成してください。

リスト3-3　乱択アルゴリズムを使った線形探索のプログラム（sample3.py）

```
# randomモジュールからrandint関数をインポートする
from random import randint

# ランダムな配列
a = [23, 10, 12, 45, 34, 67, 56, 78, 90, 89]

# 配列の要素数
num = 10
```

次ページに続く

```
# 探索する値をキー入力する
x = int(input("探索する値 --> "))

# 見つかった位置を-1で初期化する
pos = -1

# 先頭からチェックする場合 ─────────────────(1)
if randint(1, 100) % 2 == 0:
    # 添字が要素数未満である限り繰り返す
    i = 0
    while i < num:
        # 要素が見つかった場合
        if a[i] == x:
            # 位置を記録して繰り返しを抜ける
            pos = i
            break
        # 添字を1つ先に進める
        i += 1
# 末尾からチェックする場合 ─────────────────(2)
else:
    # 添字が0以上である限り繰り返す
    i = num - 1
    while i >= 0:
        # 要素が見つかった場合
        if a[i] == x:
            # 位置を記録して繰り返しを抜ける
            pos = i
            break
        # 添字を1つ先に進める
        i -= 1

# 見つかった位置を表示する
print(f"見つかった位置は、{pos}です。")
```

　（1）では、Pythonのrandomモジュールのrandint関数を使って1〜100の整数の乱数を生成し、「randint(1, 100) % 2 == 0」という条件で偶数か奇数かを判断しています。偶数なら、配列の先頭からチェックしています。

　そうでなければ（奇数の場合）、（2）で、配列の末尾からチェックしています。

　sample3.pyの実行結果は、図3-2と同様です。

■「m−ブロック法」を使って効率化する

これまでは、ランダムな配列を線形探索してきました。昇順（小さい順）や降順（大きい順）に整列された配列を線形探索するなら、さらにアルゴリズムを改良できます。整列された配列では、「二分探索」という効率的なアルゴリズムを使うこともできますが、このまま今回のテーマである線形探索を使い続けることにしましょう。

整列された配列を線形探索する場合の、シンプルな改良テクニックと「m−ブロック法」という改良テクニックの2つを解説します。

シンプルな改良テクニック

図3-6は、適当な値を格納した配列aの要素の値を昇順に整列させたものです。説明の都合で、配列の先頭と末尾の要素の値と、a[5]の値だけを示しています。

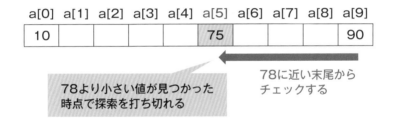

図3-6　昇順に整列された配列から78を線形探索する

図3-6のこの配列aから、78を見つけるとして、線形探索の「配列の先頭から順番にチェックするだけ」というアルゴリズムに、どのような改良ができるかを考えてみましょう。

1つ目の改良は、先頭と末尾の値のうち、探索する値に近い方からチェックを始めることです。その方が、探索する値が早く見つかる可能性が高いからです。ここでは、先頭が10、末尾が90、探索する値が78なので、末尾からチェックします。

2つ目の改良は、末尾からチェックする場合は、78より小さな値が見つかった時点で探索を打ち切ることです。昇順に整列されているので、それより先に78はないからです。先頭からチェックする場合は、78より大きな値が見つかった時点

で、探索を打ち切れます。

　リスト3-4は、昇順に整列した配列を線形探索するプログラムです。単純な線形探索のアルゴリズムに、先ほど説明した2つの改良を加えてあります。このプログラムをsample4.pyというファイル名で作成してください。

リスト3-4　昇順に整列された配列を線形探索するプログラム（sample4.py）

```python
# 昇順に整列された配列
a = [10, 12, 23, 34, 45, 56, 67, 78, 89, 90]

# 配列の要素数
num = 10

# 探索する値をキー入力する
x = int(input("探索する値 --> "))

# 見つかった位置を-1で初期化する
pos = -1

# 先頭からチェックする場合 ────────────────(1)
if abs(a[0] - x) < abs(a[num - 1] - x):
    # 添字が要素数未満である限り繰り返す
    i = 0
    while i < num:
        # 同じ値が見つかった場合
        if a[i] == x:
            # 位置を記録して繰り返しを抜ける
            pos = i
            break
        # より大きい値が見つかった場合
        if a[i] > x:
            # 繰り返しを抜ける
            break
        # 添字を1つ先に進める
        i += 1
# 末尾からチェックする場合 ────────────────(2)
else:
    # 添字が0以上である限り繰り返す
    i = num - 1
    while i >= 0:
        # 同じ値が見つかった場合
```

次ページに続く

```
    if a[i] == x:
        # 位置を記録して繰り返しを抜ける
        pos = i
        break
    # より小さい値が見つかった場合
    if a[i] < x:
        # 繰り返しを抜ける
        break
    # 添字を1つ先に進める
    i -= 1

# 見つかった位置を表示する
print(f"見つかった位置は、{pos}です。")
```

　(1) で、「abs(a[0] - x) < abs(a[num - 1] - x)」という条件で使われている abs は、Pythonの組み込み関数であり、引数の絶対値を返します。(1) の条件では、先頭の要素と探索する値の差が、末尾の要素と探索する値の差より小さければ先頭からチェックします。小さくなければ (2) で末尾からチェックします。

　sample4.pyの実行結果は、図3-2と同様です。

m－ブロック法で改良する

　最後に紹介するのは、整列された配列を2段階で線形探索する「m－ブロック法」(m-block method) と呼ばれるテクニックです。
　例として、図3-7を見てください。

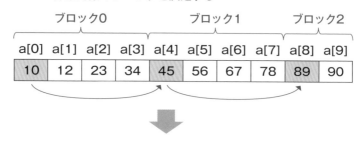

第1段階:ブロックの先頭の要素を線形探索して、探索対象のブロックを決定する

ブロック0　　　　　　ブロック1　　　ブロック2

a[0]	a[1]	a[2]	a[3]	a[4]	a[5]	a[6]	a[7]	a[8]	a[9]
10	12	23	34	45	56	67	78	89	90

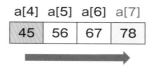

第2段階:探索対象のブロックを線形探索する

a[4]	a[5]	a[6]	a[7]
45	56	67	78

図3-7　mーブロック法は、整列された配列を2段階で線形探索する

　第1段階では、配列全体をm個のブロックに分けて、それぞれの先頭の要素を線形探索し、探索対象のブロック（探索する値が含まれている可能性があるブロック）を決定します。ここでは、要素数10個の配列を3つのブロックに分けています。それぞれのブロックの先頭にある要素は、10、45、89です。78があるとすれば、45を先頭としたブロックのはずなので、このブロックを探索対象として決定します。

　第2段階では、探索対象のブロックを線形探索します。ここでは、45を先頭としたブロックのa[4]からa[7]までを線形探索して、a[7]に78が見つかります。mーブロック法は、多くの場合に、配列全体を線形探索するより効率的です。

　リスト3-5は、昇順に整列された配列をmーブロック法で線形探索するプログラムです。このプログラムをsample5.pyというファイル名で作成してください。

リスト3-5 昇順に整列された配列をm－ブロック法で線形探索するプログラム
(sample5.py)

```python
# mathモジュールからceil関数をインポートする
from math import ceil

# 昇順に整列された配列
a = [10, 12, 23, 34, 45, 56, 67, 78, 89, 90]

# 配列の要素数
num = 10

# ブロック数
m = 3

# ブロックの要素数 ─────────────────────────(1)
size = ceil(num / m)

# 見つかった位置を-1で初期化する
pos = -1

# 探索対象のブロックの先頭位置を-1で初期化する
top = -1

# 探索する値をキー入力する
x = int(input("探索する値 --> "))

# 第1段階：探索対象のブロックを決定する ──────────(2)
i = 0
while i < num:
    # ブロックの先頭が探索する値以下なら探索対象のブロックの先頭を更新する
    if a[i] <= x:
        top = i
    # ブロックの先頭が探索する値より大なら繰り返しを抜ける
    else:
        break
    # 添字を次のブロックの先頭に進める
    i += size

# 第2段階：探索対象のブロックを線形探索する ──────────(3)
if top != -1:
    # ブロックの末尾の要素の添字を設定する ──────────(4)
    if top + size < num:
        tail = top + size - 1
```

次ページに続く

```
    else:
        tail = num - 1
    # ブロックを線形探索する
    i = top
    while i <= tail:
        # 同じ値が見つかった場合
        if a[i] == x:
            # 位置を記録して繰り返しを抜ける
            pos = i
            break
        # 添字を1つ先に進める
        i += 1

# 見つかった位置を表示する
print(f"見つかった位置は、{pos}です。")
```

　Pythonのmathモジュールからインポートしているceil関数は、引数の値を切り上げた整数を返します。

　(1) の「size = ceil(num / m)」で、変数sizeにブロックの要素数を格納します。ここでは、num（要素数）÷m（ブロック数）＝ 10÷3＝3.333…を切り上げた「4」という値が、ブロック1つあたりの要素の数です。よって、末尾のブロック（ブロック2）だけは、要素の数が2になっています。

　(2) は第1段階の処理です。探索対象のブロックの先頭位置を変数topに格納しています。変数topは、−1で初期化してあるので、もしも探索対象のブロックが存在しない場合は−1のままになり、第2段階の処理は行いません。

　(3) は第2段階の処理です。変数tailにブロックの末尾の要素の添字を設定してから、変数topから変数tailまでの範囲を線形探索しています。第1段階で末尾のブロックを探索することになった場合、ここで探索する要素数が、ほかのブロックを探索する場合と異なる可能性があります。そこで (4) では、探索するブロックが末尾のブロックの場合とそれ以外の場合で分けて、変数tailの値を設定しています。

　sample5.pyの実行結果は、図3-2と同様です。

4

「文字列探索」を
改良する

本章のポイント

基本のアルゴリズム

「ナイーブ法」で文字列を探索する

シンプルな文字列探索のアルゴリズムを解説します。文字列を1文字ずつずらしてチェックしていく「ナイーブ法」というアルゴリズムです。

改良テクニック1

「BMH法」を使って効率化する

ナイーブ法では、長い文字列を効率的に探索することができません。処理を効率化するために、文字列を何文字かまとめてずらしてチェックするように改良します。このアルゴリズムを「BMH法」といいます。

改良テクニック2

「Bitap法」を使って効率化する

「状態遷移」を「ビット演算」で行うことで文字列探索を行う「Bitap法」を解説します。Bitap法を使うと、複数のチェックを同時に進行することができ、効率的です。

「文字列探索」を改良する

本章では、「文字列探索」を解説します。シンプルなアルゴリズムである「ナイーブ法」を説明したあとに、「BMH法」「Bitap法」というアルゴリズムを通して、文字列探索を効率化するテクニックを解説します。

■「ナイーブ法」で文字列を探索する

「文字列探索」とは、「文字列を探索して最初に見つかった位置を得るアルゴリズム」です。はじめに紹介するのはとてもシンプルなアルゴリズムで、「ナイーブ法」(naive algorithm) と呼ばれるものです。

ナイーブ法

ナイーブ法の手順をひとことで言えば、「1文字ずつずらしてチェックするだけ」です。ナイーブという言葉には「純真で傷つきやすい」というイメージがあると思いますが、ナイーブ法のナイーブは「素朴」や「単純」という意味です。

図4-1に、ナイーブ法による文字列探索の手順を示します。

（1）textとpatが一致するかを、先頭からチェックする

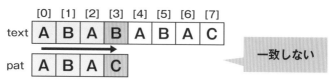

（2）patの位置を1文字分ずらしてtextとpatが一致するかを、
patの先頭からチェックする

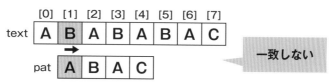

（3）patの位置を1文字分ずらしてtextとpatが一致するかを、
patの先頭からチェックする

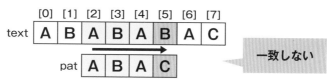

（4）patの位置を1文字分ずらしてtextとpatが一致するかを、
patの先頭からチェックする

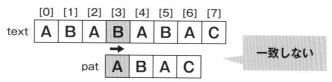

（5）patの位置を1文字分ずらしてtextとpatが一致するかを、
patの先頭からチェックする

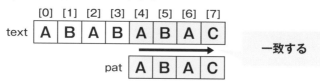

図4-1　ナイーブ法による文字列探索の手順

図4-1では、「ABABABAC」という文字列から、「ABAC」という文字列を探索する手順を説明しています。「ABABABAC」は配列textに、「ABAC」は配列patに格納されています。patはpatternの略です。[0]〜[7]の数字は、配列textの添字を表しています。

　まず、textの先頭（添字が[0]の位置）からの4文字と、patの4文字が一致するかを、先頭から1文字ずつ順番にチェックします。一致しなければ、patの位置を1文字分ずらし、textの添字が[1]の位置からの4文字と、patの4文字が一致するかを、また先頭からチェックしていきます。これを繰り返すと、textの添字が[4]の位置で一致しました。つまり、先頭からpatの位置を1文字分ずつずらしていって、textと一致するかどうかをチェックする、というだけのとても素朴な手順です。

　この手順をPythonのプログラムとして作成しましょう。Pythonでは多くの場合、文字列をstrクラスのオブジェクトとして取り扱いますが、ここでは文字のリストとして表します。

　リスト4-1は、ナイーブ法で文字列探索を行うプログラムです。このプログラムをnaive.pyというファイル名で作成してください。

リスト4-1　ナイーブ法で文字列探索を行うプログラム（naive.py）

```python
# 探索対象の文字列text
text = ["A", "B", "A", "B", "A", "B", "A", "C"]
# textの長さ
text_len = len(text)

# 探索する文字列pat
pat = ["A", "B", "A", "C"]
# patの長さ
pat_len = len(pat)

# 見つかった位置（見つからないを意味する-1にしておく）
found_idx = -1

# textの探索位置
text_idx = 0
# textの探索終了位置
text_last_idx = text_len - pat_len
```

次ページに続く

```
# textを探索する
while text_idx <= text_last_idx:
    # textとpatが一致するかどうかチェックする
    pat_idx = 0
    while pat_idx < pat_len:
        # 一致しない場合
        if text[text_idx + pat_idx] != pat[pat_idx]:
            break
        # チェック位置を1つ先に進める
        pat_idx += 1
    # 一致した場合
    if pat_idx == pat_len:
        # 見つかった位置を書き換える
        found_idx = text_idx
        break
    # 探索位置を1つ先に進める
    text_idx += 1

# 探索結果を表示する
print(f"探索結果は、{found_idx}です。")
```

　文字列の一致が見つかった位置は、変数found_idxに格納します。変数found_idxは「一致が見つかっていない」ことを意味する−1で初期化しておき、見つかった場合には、その位置の添字に書き換えます。そのほかの処理については、詳しいコメントを付けてあります。コメントを参考にしてプログラムを読んでください。

　naive.pyの実行結果を図4-2に示します。配列textの添字が[4]の位置で配列patの文字列が見つかったことがわかりました。

図4-2　naive.pyの実行結果

■「BMH法」を使って効率化する

短い文字列の探索なら、ナイーブ法でも十分に実用的です。しかし、文字列が長い場合は効率的とは言えません。アルゴリズムを改良しましょう。

BMH法

長い文字列を効率的に探索するアルゴリズムとして、「BMH法」（Boyer-Moore-Horspool algorithm）を紹介します。BMH法は、「何文字かまとめてずらしてチェックする」というアルゴリズムです。ナイーブ法では常にpatの位置を1文字分ずつずらしていましたが、BMH法では一気に複数文字分をずらすことができます。1文字分ずらすより、複数文字分ずらす方が効率的です。

BMH法は、米国のコンピュータ科学者であるRobert S. BoyerとJ Strother Mooreが考案したBM法と呼ばれるアルゴリズムを、カナダのコンピュータ科学者であるR. Nigel Horspoolが簡略化したものです。

BMH法のポイントは2つあります。1つは、pat（ABAC）の末尾の文字であるCから逆順にチェックすることです。もう1つは、文字列が一致しない場合に、チェックした位置の末尾の文字（A～Z）に応じて、patを何文字分ずらすのかを変えることです。図4-3に例を示します。

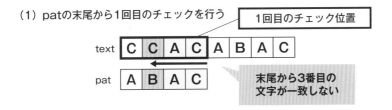

図4-3　BMH法による文字列探索の手順（1/2）

（2）1回目のチェック位置の末尾のCに注目して、次のチェック位置を決める

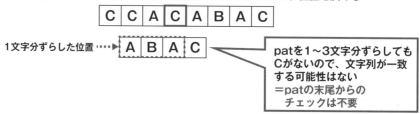

1文字分ずらした位置 ⋯⋯▶ A B A C

patを1～3文字分ずらしても
Cがないので、文字列が一致
する可能性はない
＝patの末尾からの
　チェックは不要

（3）patを4文字分ずらした位置をチェック位置にして、
　　patの末尾から2回目のチェックを行う

2回目のチェック位置

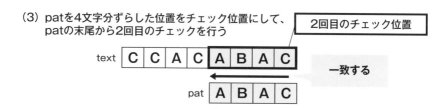

一致する

図4-3　BMH法による文字列探索の手順（2/2）

　図4-3は、「CCACABAC」（text）という文字列から「ABAC」（pat）をBMH
法の手順で探索する場合の例です。長い文字列の探索ではないですが、ここではアル
ゴリズムの理解が目的なので、短い文字列の例で示します。また、文字列の中
身は英大文字のA〜Zだけであることを前提とします。

　（1）で1回目のチェックを行います。textの先頭4文字（CCAC）がpat（AB
AC）と一致するのかを、patの末尾から1文字ずつ順番にチェックします。ここで
はチェックする位置のことを「チェック位置」と呼びます。1回目のチェックを行
うと、末尾から3番目の文字が一致しません。

　（2）では、patを何文字分ずらして次のチェック位置にするのかを決めます。1
回目のチェック位置の末尾の文字である「C」に注目すると、patの位置を1～3
文字分ずらしたとしても、textのチェック位置の「C」はpatの先頭3文字の要素
と一致しません。patの先頭3文字の要素に「C」はないからです。つまり、これ
らの位置でpatの末尾からチェックするという手順は不要だということです。

　この時点では、4文字分ずらした位置で一致するかしないかは、まだわかりませ
ん。よって、次のチェックは、patを4文字分ずらした位置で行います。

　（3）では2回目のチェックを行います。patを4文字分ずらした位置を2回目の
チェック位置とします。このチェック位置でpatの末尾からチェックをすると、文

字列が一致しました。

　図4-3に示した例では、チェック位置の末尾が「C」の場合に、4文字分ずらすことになりました。では、textの文字列を変えた場合は、何文字分ずらすことになるのでしょうか。チェック位置の末尾の文字に注目して、別の文字列からpat（ABAC）を探索する例を示します。

　チェック位置の末尾の文字が「A」の場合の例を図4-4に示します。

（1）patの末尾から1回目のチェックを行う

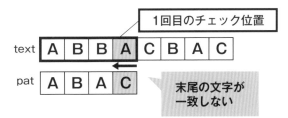

（2）1回目のチェック位置の末尾のAに注目して、次のチェック位置を決める

図4-4　チェック位置の末尾がAの場合の例（1/2）

（3）patを1文字分ずらした位置をチェック位置にして、patの末尾から2回目のチェックを行う

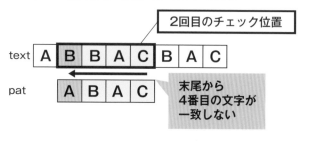

（以下、略）

図4-4　チェック位置の末尾がAの場合の例（2/2）

　図4-4は、「ABBACBAC」（text）から「ABAC」（pat）をBMH法で探索する場合の例です。1回目のチェック位置の末尾の文字であるAに注目します。patを1文字分ずらすと、少なくとも末尾より1つ前のAが一致します。文字列が一致する可能性があるので、末尾からチェックする必要があります。よって、この位置を2回目のチェック位置にします。このあと一致するまで、位置をずらしてチェックを繰り返しますが、ここでは手順の説明を省略します。

　次に、textの文字列を変えて、チェック位置の末尾の文字が「B」の場合の例を図4-5に示します。

（1）patの末尾から1回目のチェックを行う

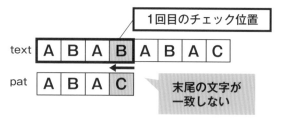

図4-5　チェック位置の末尾がBの場合の例（1/2）

**(2) 1回目のチェック位置の末尾のBに注目して、
次のチェック位置を決める**

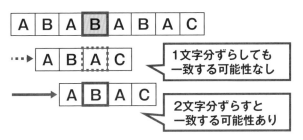

**(3) patを2文字分ずらした位置をチェック位置にして、
patの末尾から2回目のチェックを行う**

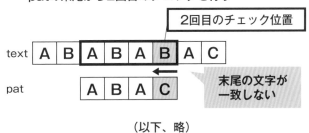

（以下、略）

図4-5　チェック位置の末尾がBの場合の例（2/2）

　図4-5は、「ABABABAC」（text）から「ABAC」（pat）をBMH法で探索する場合の例です。1回目のチェックの位置の末尾のBに注目します。patを1文字分ずらしたとしてもBが一致しませんが、2文字分ずらすと少なくとも末尾より2つ前のBが一致します。よって、2文字分ずらした位置を、2回目のチェック位置にします。このあとの一致するまでのチェックの説明は、図4-4と同様に省略します。

　では、図4-6に、図4-3、図4-4、図4-5に示した例がどのような法則になっているかをまとめます。

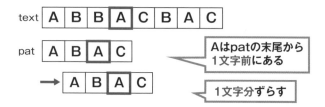

チェック位置の末尾がBの場合

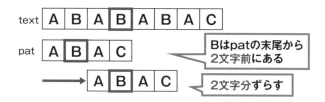

チェック位置の末尾がCの場合 ※D〜Zの場合も同様

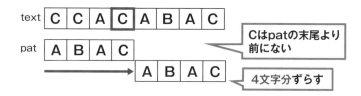

図4-6 BMH法で任意のtextからpat（ABAC）を探索して一致しなかったときに、
チェック位置の末尾の文字（A〜Z）に応じてずらす文字数の法則

　図4-6は、BMH法で任意の文字列（text）から「ABAC」（pat）を探索すると
きに、チェック位置の末尾の文字（A〜Z）に応じて、patを何文字分ずらすのか
を示しています。

　チェック位置の末尾の文字が、pat（ABAC）の末尾から1文字前にある場合（こ
こではA）は、次のチェックを1文字分ずらして行います。

　チェック位置の末尾の文字が、pat（ABAC）の末尾から2文字前にある場合（こ
こではB）は、次のチェックを2文字分ずらして行います。

　チェック位置の末尾の文字が、pat（ABAC）の末尾より前にない場合（ここで

はC）は、次のチェックの位置をpatの長さ分（4文字分）ずらします。

　図4-3から図4-5までの例には示しませんでしたが、チェック位置の末尾の文字がD～Zの場合には、Cの場合と同様に、pat（ABAC）の末尾より前にD～Zはないので、patの長さ分（4文字分）ずらすことになります。

BMH法で文字列探索する

　この手順で、ナイーブ法の例と同様に、text（ABABABAC）からpat（ABAC）を探索してみましょう。

　ここまで見てきたように、文字列が一致しないときに何文字ずらしてチェックするのかという「法則」を、あらかじめ設定しておく必要があります。ここではpat（ABAC）を探索するので、図4-6と同じ法則とします。つまり、チェックした位置の末尾の文字がAなら1文字分、Bなら2文字分、C～Zなら4文字分ずらします。このA～Zの文字に対して何文字分ずらすのかという情報を、skipという配列の、添字が[0]～[25]の要素に格納しておきます（図4-7）。

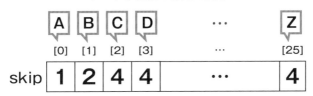

チェック位置の末尾の文字A～Z

図4-7　A～Zの文字に対して何文字ずらすのかをskip[0]～skip[25]に用意する

　例えば、チェック位置の末尾の文字がAならskip[0]の要素である1が、ずらす文字数です。この配列skipは、このあとの手順で使います。

　図4-8に手順を示します。

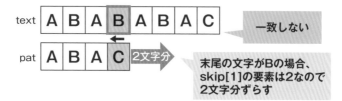

（1） textとpatが一致するかを、patの末尾からチェックする

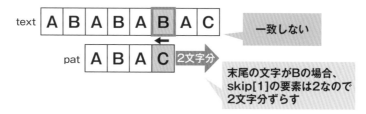

（2） textとpatが一致するかを、patの末尾からチェックする

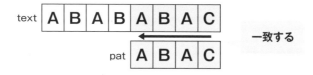

（3） textとpatが一致するかを、patの末尾からチェックする

図4-8　BMH法でtext（ABABABAC）からpat（ABAC)を探索する手順

　図4-8の（1）のチェック位置の末尾がBなので、図4-7のskip[1]を確認します。skip[1]の要素は2です。2文字分ずらして、図4-8の（2）の位置でチェックを行います。ここでもチェック位置の末尾がBなので、2文字分ずらして（3）の位置でチェックを行います。ここで、文字列が一致しました。

BMH法のプログラム

　リスト4-2は、BMH法でtext（ABABABAC）からpat（ABAC）を探索するプログラム（BMH.py）です。詳しいコメントを付けてあります。コメントを参考にしてプログラムを読んでください。

リスト4-2　BMH法で文字列探索を行うプログラム（BMH.py）

```python
# A～Zの英字を0～25に変換して返す関数
def char_index(c):
    return ord(c) - ord("A")

# 探索対象の文字列text
text = ["A", "B", "A", "B", "A", "B", "A", "C"]
# textの長さ
text_len = len(text)

# 探索する文字列pat
pat = ["A", "B", "A", "C"]
# patの長さ
pat_len = len(pat)

# skip[0]～skip[25]にA～Zに対して何文字先に進めるかを設定しておく
# とりあえず、すべての文字にpat_lenを設定する
skip = [pat_len] * 26
# patの中にある文字(末尾を除く)は、その文字の位置に応じて設定を書き換える
pat_idx = 0
while pat_idx < pat_len - 1:
    skip[char_index(pat[pat_idx])] = pat_len - pat_idx - 1
    pat_idx += 1

# 見つかった位置(見つからないを意味する-1にしておく)
found_idx = -1

# textの探索位置
text_idx = pat_len - 1

# textを探索する
while text_idx < text_len:
    # textとpatが一致するかどうかチェックする
    pat_idx = pat_len - 1
    while pat_idx >= 0:
        # 一致しない場合
        if text[text_idx - (pat_len - 1 - pat_idx)] != pat[pat↴
_idx]:
            break
        # チェック位置を1つ前に進める
        pat_idx -= 1
    # 一致した場合
    if pat_idx < 0:
```

次ページに続く

```
        # 見つかった位置を書き換える
        found_idx = text_idx - (pat_len - 1)
        break
    # 探索位置をtextの探索位置の文字に合わせて先に進める
    text_idx += skip[char_index(text[text_idx])]

# 探索結果を表示する
print(f"探索結果は、{found_idx}です。")
```

　リスト4-2の冒頭にある char_index 関数は、A〜Zの英字を0〜25に変換して返します。この関数は、A〜Zに対応する skip[0] 〜 [25] の添字を得るために使います。

　char_index 関数の中で使われている ord 関数は、Python の組み込み関数です。ord は、ordinal＝「順序」という意味です。ord 関数は、引数で指定された文字の文字コードを返します。例えば、A〜Zの文字を引数で指定すると、

　ord("A")　……　65
　ord("B")　……　66
　ord("C")　……　67
　　　　　　…略…
　ord("Z")　……　90

と、65〜90までの整数（文字コード）を返します。

　char_index 関数では、ord 関数の引数にA〜Zを指定して返ってくる整数（65〜90）から、ord 関数の引数にAを指定して返ってくる整数（65）を引いた値を返しています。

　ord("A") − ord("A") = 65 − 65 = 0
　ord("B") − ord("A") = 66 − 65 = 1
　ord("C") − ord("A") = 67 − 65 = 2
　　　　　　…略…
ord("Z") − ord("A") = 90 − 65 = 25

　と、0〜25の整数を返します。よって、char_index 関数を使うとA〜Zの文字を0〜25の整数に変換し、skip[0] 〜 [25] の添字を得られるのです。

BMH.pyの実行結果を図4-9に示します。

図4-9　BMH.pyの実行結果

■「Bitap法」を使って効率化する

最後に、ちょっと奇抜な文字列探索アルゴリズムを紹介しましょう。「Bitap法」（bit-parallel approximate pattern matching）というアルゴリズムです。直訳すると「ビット並列近似パターンマッチング」という意味です。このアルゴリズムに関する問題が、令和元年秋期の基本情報技術者試験に出題されています。奇抜ではありますが、覚えておいて損はないでしょう。

状態遷移とは

Bitap法では、「状態遷移」を「ビット演算」（2進数を対象としたシフト演算や論理演算）で効率的に行います。さらに、「複数のチェック位置のチェックを同時に進行する」という特徴があります。

まず、状態遷移という考え方を説明します。これまでの例と同様に「ABABABAC」（text）から、「ABAC」（pat）を探索します。状態遷移で「ABAC」を探索し、文字列が一致したときのイメージを図4-10に示します。

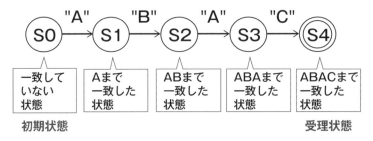

※円で囲んだS0〜S4は状態（state）、矢印は遷移の向き、
　矢印の上にある文字は入力（チェックした文字）です。
　二重の円は、受理状態（文字列がすべて一致した状態）です。

図4-10　状態遷移で文字列探索を行うイメージ

　図4-10の初期状態（S0）は「文字列が一致していない状態」です。S0の状態で
チェックした文字が「A」なら、S1の状態に遷移できます。S1は「Aまで一致し
た状態」です。S1でチェックした文字が「B」なら、S2（ABまで一致した状態）
に遷移できます。もし、S1でチェックした文字が「B」以外なら、S2に遷移でき
ません。また、S1からS3に、S2を飛ばして一気に遷移することもできません。
　このように文字を1つずつチェックして次の状態へ遷移します。S0の「一致し
ていない状態（初期状態）」→S1の「Aまで一致した状態」→S2の「ABまで一
致した状態」→S3の「ABAまで一致した状態」→S4の「ABACまで一致した状
態（受理状態）」までに遷移できれば、一致する文字列が見つかったことを示して
います。

ビット演算で状態遷移を行う

　Bitap法では、この状態遷移をビット演算で行います。状態は、0と1のビット
で表します。アルゴリズムを理解するために、手作業でやってみましょう。
　図4-11に示した表を作成してください。

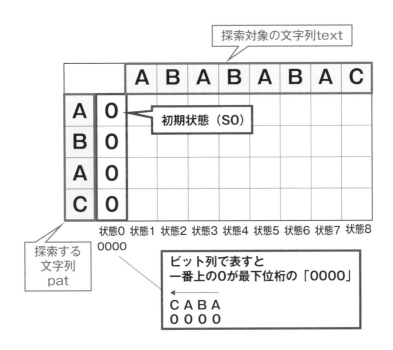

図4-11　Bitap法による文字列探索の初期状態

　縦に並べた「ABAC」は、探索する文字列patです。横に並べた「ABABABAC」は、探索対象の文字列textです。初期状態は、表の左に縦に並んだ0000です。これをビット列「0000」として表すと、表の一番上の0が最下位桁（右端の0）に対応します。初期状態の右側に、次の状態を0と1で書き込んでいきます。例えば、状態1の列には、状態0（初期状態）でtextの左端の文字であるAをチェックしたあとの状態を書き込みます。状態2の列には、状態1でtextの左端から2番目の文字であるBをチェックしたあとの状態を書き込みます。状態3の列以降も同様に繰り返します。

　図4-12は、受理状態までの状態遷移を書き込んだものです。

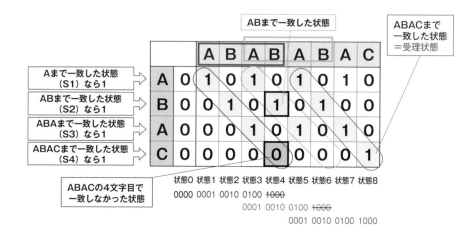

図4-12　Bitap法による文字列探索の受理状態

　ビット演算をどのように行って0と1を書き込むかはあとで述べます。ここでは、この表がどのような状態遷移を示しているのかを説明します。

　まず、図4-12の状態1の列を見てください。初期状態でAをチェックした結果、「Aまで一致した状態」に遷移したことを示しています。表の一番上が「1」で、ほかは「0」です。これをビット列として表すと「0001」です。

　状態1のように、「初期状態」から「Aまで一致した状態」（図4-10のS1）に遷移できた場合は、表の一番上のビットを「1」にします。S1〜S4のどの状態に遷移できたかによって、4つ並んだビットのどの位置を「1」にするかを変えます。このようにして、S1からS4まで状態遷移できたかできなかったかを、0と1で表していきます。

　状態2の列の「0010」は、状態1（S1）でBをチェックした結果、「ABまで一致した状態」（S2）に遷移したことを示しています。S1の状態ではなくなったので、表の一番上のビットは「0」にします。

　状態3の列の「0101」は、状態2（S2）でAをチェックした結果です。「1」が2カ所にあるのは、2つの状態に遷移できたことを示しています。1つは、表の上から3つ目の「1」が立っている状態（0100）です。これは「ABAまで一致した状態」（S3）です。もう1つは、表の一番上の「1」が立っている状態（0001）です。これは状態1と同じ状態で、「Aまで一致した状態」（S1）を示します。ここで

チェックした「A」はtextの左端から3番目のAですが、このAを先頭の文字として、このあとの状態遷移でpat（ABAC）と一致する可能性があるということです。

　状態4の列の「0010」を見てください。これは、状態3の2つの状態（S1とS3）に対してBをチェックし、2つの結果を示しています。

　1つは、状態3のS1から状態4のS2へ状態遷移できたことです。表の上から2つ目の「1」が立っている状態（0010）は、「ABまで一致した状態」（S2）を示します。これは、textの左端から3番目のAを先頭としてABまで一致した状態です。

　もう1つは、状態3のS3から、状態4でS4に状態遷移できなかったことです。表の一番下の「0」に注目してください。これは、状態3でtextの左端のAからABAまで一致していた文字列の4文字目が一致しなかった（S4に遷移できなかった）ことを表しています。

　ABACまで一致した状態（S4の受理状態）を示しているのは、状態8の列の「1000」です。表の一番下（最上位ビット）に「1」が立っている状態です。状態5から1文字ずつ一致して状態遷移したことがわかります。

　状態3〜状態6では、textの複数の位置で、文字列が一致するかどうかを同時にチェックしています。先に紹介したナイーブ法とBMH法では、1つのチェック位置をずらしていって、順番にチェックを行っていました。しかし、Bitap法では、複数のチェック位置で、同時にチェックを進められるのです。

　それでは、状態遷移をビット演算でどのように行うのかを説明します。チェックする文字は、図4-13の右に示すビットマスクで表します。

ビット演算のマスク

	A	B	A	B	A	B	A	C
A	0							
B	0							
A	0							
C	0							

状態0　状態1　状態2　状態3　状態4　状態5　状態6　状態7　状態8

	A	B	C	D	…	Z
A	1	0	0	0	…	0
B	0	1	0	0	…	0
A	1	0	0	0	…	0
C	0	0	1	0	…	0

図4-13　A〜Zの文字のビットマスク

図4-13の右は、文字A～Zに対するビット演算のマスクです。このマスクは、patの文字と一致するなら1に、そうでなければ0にします。例えば、Aのビットマスク0101は、「ABAC」の中にあるAの位置を1に、それ以外を0にしたものです。つまり、Aのビットマスク0101を使うと、「ABACの先頭から、Aまでが一致した状態」に遷移できるかどうかと、「ABACの先頭から、ABAまでが一致した状態」に遷移できるかどうかを同時にチェックできます。

このビットマスクを、A～Zに対して用意しておきます。ここではA、B、C、DとZだけのビットマスクを示していますが、その他のE～Yのビットマスクは、E～Yの文字がpatの中にないので、すべて0000です。

Bitap法の手順

図4-13の左の表とビットマスクを使って、ビット演算を行っていきます。手順を図4-14に示します。

（1）textの左端から1文字ずつチェックして、以下を行う。

（2）直前の状態を1ビット論理左シフトする。

（3）（2）の結果と1（つまり0001）をOR演算して、最下位ビットを立てる。

（4）（3）の結果とチェックする1文字のマスクでAND演算を行う。
　　 その結果を新たな状態として空欄の縦方向に書き込む。

（5）状態の最上位桁（表では一番下）が1なら受理状態まで遷移したのでpatが見つかった。0なら（2）に戻る。

図4-14　Bitap法による状態遷移の手順

図4-14の（2）と（3）では、直前の状態から遷移する可能性のある状態（ビットの位置）に、候補として「1」を立てています。（4）では、候補の状態に対してビットマスクを使って文字をチェックし、結果を新たな状態として書き込みます。複数の状態を候補にしたあとで文字のチェックを行うことで、図4-12の状態4に示したような複数の状態のチェックを一気に行うことができるのです。

（5）では、最上位ビット（表では一番下）が「1」になるまで、（2）～（4）を繰り返します。

図4-15に、図4-14の手順で、初期状態（状態0）から状態1まで状態遷移を行った例を示します。

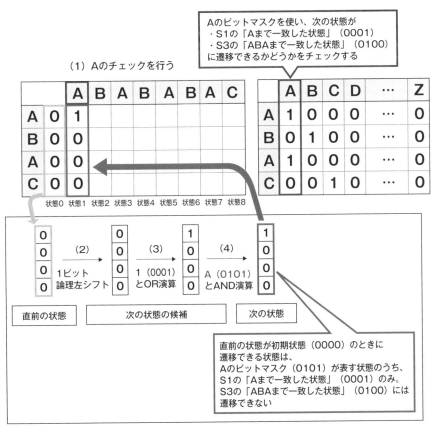

図4-15　Bitap法で初期状態（状態0）から状態1まで遷移を行った

　（1）では、初期状態でtextの左端の文字であるAをチェックします。

　（2）と（3）では、初期状態から遷移する可能性のある状態を候補にします。（2）は直前の状態を1ビット論理左シフトします。論理左シフトとは、指定されたビット数（桁数）だけ左にずらすことです。ここでは、直前の状態（0000）を、1ビットだけ左にずらします。結果は0000です。初期状態では変化はありません。（3）は、（2）の結果である0000と1（つまり0001）をOR演算します。OR演算は、2つのビット列の桁同士を確認し、両方が1か、どちらか一方が1なら1にな

ります。ここでは結果は0001です。(3) の結果、初期状態から遷移する可能性の
ある「Aまで一致した状態」(S1) を候補として、最下位ビットに「1」を立てて
います。

（4）で、ビットマスクをかけます。ここでチェックする文字であるAのビットマ
スクは0101です。このマスクをかけると、「Aまで一致した状態」(S1) に遷移で
きるかどうかと、「ABAまで一致した状態」(S3) に遷移できるかどうかを、同時
にチェックできます。(3) の結果である0001とAのビットマスクである0101で
AND演算を行います。AND演算は、2つのビット列の桁同士を確認し、両方が1
なら1になり、どちらか一方でも0なら0になります。ここではAND演算の結果
は0001です。これは、「Aまで一致した状態」(S1) に遷移できたことを示してい
ます。初期状態からS3へ一気に遷移することはできないので、S1だけに遷移し
たということです。この結果（0001）を状態1として、表の状態1の列に書き込
みます。

　同様に、図4-14の手順で状態1から状態2まで状態遷移を行った例を、図4-16
に示します。

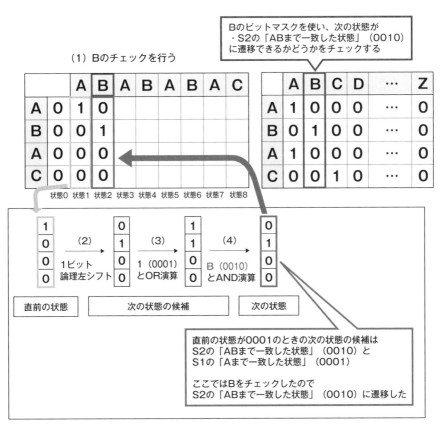

図4-16　Bitap法で状態1から状態2まで遷移を行った

（1）では、状態1でtextの左から2番目の文字であるBをチェックします。

（2）と（3）では、状態1から遷移する可能性のある状態を候補にします。（2）では、状態1（S1）から「ABまで一致した状態」（S2）に遷移できた状態を候補にします。状態1（0001）を1ビット論理左シフトします。最下位ビットの1を左に1つずらすので、結果は0010になります。これは、「ABまで一致した状態」（S2）を示しています。

（3）では、状態1（S1）の次も「Aまで一致した状態」（S1）になる場合を候補にします。（2）の結果である0010と1（つまり0001）をOR演算します。結果は0011になります。これは、「ABまで一致した状態」（S2）と「Aまで一致した状態」（S1）の2つの状態を示しています。

（4）で、ビットマスクをかけます。ここでチェックする文字であるBのビットマスクは0010です。このマスクをかけると、「ABまで一致した状態」（S2）に遷移できるかどうかをチェックできます。（3）の結果である0011とBのビットマスクである0010でAND演算を行います。結果は0010になります。これは「ABまで一致した状態」（S2）を示しています。ここでは、（3）の結果である0011の最下位ビットの「1」が「0」になりました。（2）〜（3）で候補にした「ABまで一致した状態」（S2）と「Aまで一致した状態」（S1）のうち、「Aまで一致した状態」（S1）は取り消されたということです。この結果（0010）を状態2として表に書き込みます。

　この手順を繰り返し、受理状態まで遷移した結果を書き込んだものが図4-12の表です。

Bitap法のプログラム

　リスト4-3は、Bitap法で文字列探索を行うプログラム（Bitap.py）です。

リスト4-3　Bitap法で文字列探索を行うプログラム（Bitap.py）

```
# A〜Zの英字を0〜25に変換して返す関数
def char_index(c):
    return ord(c) - ord("A")

# 探索対象の文字列text
text = ["A", "B", "A", "B", "A", "B", "A", "C"]
# textの長さ
text_len = len(text)

# 探索する文字列pat
pat = ["A", "B", "A", "C"]
# patの長さ
pat_len = len(pat)

# mask[0]〜mask[25]にA〜Zに対するビット演算のマスクを設定しておく
# とりあえず、すべての文字のマスクに0を設定する
mask = [0] * 26
# patの中にある文字は、その文字のビット位置に1を設定する
pat_idx = 0
while pat_idx < pat_len:
    # ビット位置を1にした値を用意する
```

次ページに続く

```
    bit_pos = 1 << pat_idx
    # patの中に同じ文字が存在する場合もあるので、
    # 単にビット位置を1にするだけでなく、
    # 既に設定済みの可能性があるマスクに、OR演算でビット位置を追加設定する
    mask[char_index(pat[pat_idx])] = mask[char_index(pat[pat_i↴
dx])] | bit_pos
    pat_idx += 1

# 状態を初期状態にする
status = 0

# 受理状態を判定するための変数(pat_len - 1ビット目を1とした数値)
accept_status = 1 << (pat_len - 1)

# 見つかった位置(見つからないを意味する-1にしておく)
found_idx = -1

# textの探索位置
text_idx = 0

# 状態を遷移させる
# (1)textの左端から1文字ずつチェックして、以下を行う
while text_idx < text_len:
    # (2)直前の状態を1ビット論理左シフトする
    status <<= 1
    # (3)(2)の結果と1をOR演算して、最下位ビットを立てる
    status |= 1
    # (4)(3)の結果と現在チェックしている1文字のマスクでAND演算を行い、
    # その結果を新たな状態とする
    status &= mask[char_index(text[text_idx])]
    # (5)状態の最上位桁(表では一番下)が1なら受理状態まで遷移したので、
    # patが見つかったことになる
    if status & accept_status != 0:
        found_idx = text_idx - (pat_len - 1)
        break
    # そうでないなら(2)に戻る
    text_idx += 1

# 探索結果を表示する
print(f"探索結果は、{found_idx}です。")
```

　ここでも、詳しいコメントを付けてありますので、コメントを参考にしてプログラムを読んでください。

char_index関数の機能は、BMH法のプログラムと同じです。mask[0]〜mask[25]に、A〜Zに対するビット演算のマスクを設定します。

　変数statusには、状態を格納します。変数accept_statusは、受理状態（patが見つかった状態）を判断するものです。while文による繰り返しで、図4-14の（1）〜（5）に示した手順に従って変数statusの値を更新し、状態を遷移させています。遷移後の変数statusと変数accept_status（ここでは1000）でAND演算を行った結果が0でないなら、変数statusの最上位桁は1です。受理状態まで遷移しているということなので、patが見つかったことがわかります。

　Bitap.pyの実行結果を図4-17に示します。

図4-17　Bitap.pyの実行結果

5

「バブルソート」を
改良する

本章のポイント

基本のアルゴリズム

「バブルソート」で要素を整列させる

配列内の要素を順番に沿って整列させる「バブルソート」というアルゴリズムを解説します。隣り合った要素を比較して順番を交換するだけのシンプルなアルゴリズムです。

改良テクニック1

「シェーカーソート」を使って効率化する

要素の前半や後半が既にソートされている配列の場合は、ソート対象を一気に狭めて効率化できることがあります。このようなアイディアを使った「シェーカーソート」というアルゴリズムを解説します。

改良テクニック2

「コムソート」を使って効率化する

配列の内容によっては、隣り合った要素同士ではなく、大きく離れた要素同士を比較して交換する方が効率的にソートできることがあります。このアイディアを使った「コムソート」というアルゴリズムを解説します。

5章 「バブルソート」を改良する

　本章では、配列内の要素を順番に沿って整列させるアルゴリズムの1つである「バブルソート」を紹介します。そして、このバブルソートを改良し、処理回数を少なくするテクニックを解説します。

■「バブルソート」で要素を整列させる

　「バブルソート」（bubble sort）は、「配列をソート（整列）するアルゴリズム」です。どのようなアルゴリズムなのかを説明していきます。

普通のバブルソート

　バブルソートの手順を示しましょう。ここでは、要素数が4個の配列を昇順（小さい順）にソートする場合を例にしています。手順をわかりやすくするために要素数が4個という少ない例で説明します。

　まず、図5-1を見てください。

●1回目のソート対象（先頭から末尾まで）

（1）先頭から1番目と2番目の要素を比較し、小さい方が前になるように交換する

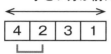

（2）先頭から2番目と3番目の要素を比較し、小さい方が前になるように交換する

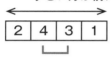

（3）先頭から3番目と4番目の要素を比較し、小さい方が前になるように交換する

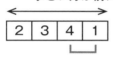

（4）ソート対象の右端の要素が、最も大きい要素として確定する

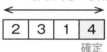

図5-1　普通のバブルソートの手順（1回目のソート対象の処理）

　図5-1の（1）〜（3）では、配列の先頭から末尾までのすべての要素を1回目のソート対象として、処理を行います。配列の先頭から末尾に向かって順番に、隣り合った要素を比較して、小さい方が前になるように交換することを繰り返します。（4）で最も大きい要素が右端に移動するので、配列の末尾の要素が確定します。

　図5-1で末尾の要素が確定したあとは、図5-2の手順に進みます。

●2回目のソート対象（先頭から3番目まで）

（5）先頭から1番目と2番目の要素を比較し、
　　小さい方が前になるように交換する

（6）先頭から2番目と3番目の要素を比較し、
　　小さい方が前になるように交換する

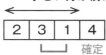

（7）ソート対象の右端の要素が、
　　最も大きい要素として確定する

●3回目のソート対象（先頭から2番目まで）

（8）先頭から1番目と2番目の要素を比較し、
　　小さい方が前になるように交換する

（9）ソート対象の右端の要素が確定し、
　　残りのソート対象の要素は1つなので、
　　順番が確定する

図5-2　普通のバブルソートの手順（2、3回目のソート対象の処理）

　図5-2の（5）のように、まだ確定していない要素（ここでは先頭から3番目ま
で）を2回目のソート対象とします。1回目のソート対象より、1要素分狭まって

います。

　図5-2の（5）〜（6）で2回目のソート対象の処理を行います。配列の先頭から、隣り合った要素を比較して小さい方が前になるように交換していきます。（7）でソート対象の右端（先頭から3番目）の要素が確定します。

　（8）〜（9）も同様に処理を行います。まだ確定していない要素（ここでは先頭から2番目まで）を3回目のソート対象とします。配列の先頭から1番目と2番目の要素を比較し、ソート対象の右端（先頭から2番目）の要素を確定します。残りは先頭から1番目の要素だけなので、（9）ですべての位置の要素が確定します。

　このような手順によって、小さい要素が泡（バブル）のように、配列の先頭に浮かび上がってきます。そのため、このアルゴリズムのことをバブルソートと呼んでいるのです。ここでは配列の先頭から末尾に向かって処理をしていますが、配列の末尾から先頭に向かって処理する場合もあります。

　ここまで説明したバブルソートのことを、本書では「普通のバブルソート」と呼ぶことにします。このあとで、普通のバブルソートを改良していきます。

バブルソートのプログラム

　リスト5-1は、普通のバブルソートをPythonのプログラムにしたものです。このプログラムをbubble.pyというファイル名で作成してください。

リスト5-1　普通のバブルソート（bubble.py）

```
# ソートする配列
a = [78, 34, 56, 12] ───────────(1)

# 処理回数
count = 0

# ソート対象の末尾の添字
tail = len(a) - 1

# ソート対象の要素が1個になるまで繰り返す
while tail > 0:
    # 隣り合った要素を比較する位置の添字
    index = 0
    # ソート対象の末尾まで繰り返す
    while index < tail:
```

次ページに続く

```
    # 処理回数をカウントアップする
    count += 1
    # 隣り合った要素を比較する
    if a[index] > a[index + 1]:
        # 小さい方が前になるように交換する
        temp = a[index]
        a[index] = a[index + 1]
        a[index + 1] = temp
    # 比較する位置を1つ後ろに進める
    index += 1
    # ソート対象を1つ前に狭める
    tail -= 1

# ソート後の配列の内容と処理回数を表示する
print(a)
print(count)
```

　このプログラムでは、(1) のa = [78, 34, 56, 12] という配列のソートを行います。コメントを参考にして、プログラムの内容を見てください。

　図5-3に、bubble.pyの実行結果を示します。

図5-3　bubble.pyの実行結果

　このプログラムには、ソート後の配列の内容と処理回数を表示する機能があります。処理回数とは、要素の比較が行われた回数のことです。これは、このあとで紹介するプログラム（バブルソートを改良したプログラム）と比較するために表示しています。

　普通のバブルソートでは、6回の処理で、要素数が4個の配列a = [78, 34, 56,

12] をソートできました。

■「シェーカーソート」を使って効率化する

普通のバブルソートを改良するアイディアを紹介しましょう。普通のバブルソートでは、ソート対象を1要素分ずつ狭めていきましたが、配列の内容によっては、一気に大きく狭められる場合があります。そのようなときに使える「シェーカーソート」というアルゴリズムを説明します。

一部がソート済みになっている配列

図5-4の配列の例を見てください。

(1) 1回目のソート対象（先頭から末尾まで）

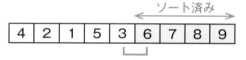

(2) 1回目のソート対象を処理したあとの配列

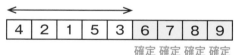

(3) 2回目のソート対象（先頭から5番目まで）

図5-4　後半部がソート済みになっている配列の場合

図5-4に示した配列は、後半部の3つの要素（末尾から9、8、7）が、最初からソート済みになっている例です。(1) のように、配列の先頭から末尾までを1回

目のソート対象として処理を行うと、最後に要素が交換されるのは、（2）に示した「3」と「6」の要素の部分です。このことから、「3」より後ろの要素はソート済みであると判断できます。すると、2回目のソート対象は、（3）のように、先頭から「3」の要素までになります。普通のバブルソートなら、ソート対象を1要素ずつしか狭められませんが、ここでは一気に4要素分も狭められています。

このような例は、配列の前半部でもあり得ます。図5-5を見てください。

（1）1回目のソート対象（末尾から先頭まで）

（2）最初のソート対象を処理したあとの配列

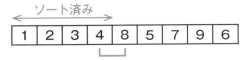

最後に要素が交換される部分

（3）2回目のソート対象（末尾から5番目まで）

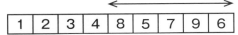

図5-5　前半部がソート済みになっている配列の場合

図5-5に示した配列は、前半部の3つの要素（先頭から1、2、3）が、最初からソート済みになっている例です。この場合は、（1）のように、処理の方向を変えて、配列の末尾から先頭に向かって隣り合った要素を比較します。そうすれば、ソートが完了するまでの処理回数を少なくできますよね。1回目のソート対象を処理したあとは、（2）のように、「8」より前の要素はソート済みになります。すると、2回目のソート対象は、（3）のように、一気に大きく狭められます。

ソート前であっても、ある程度の処理を行ったあとであっても、このように、配

列の前半部や後半部の複数の要素がソート済みの状態になる場合があります。しかし、前半部と後半部のどちらがそのような状態になるかはわかりません。そこで、処理を行う方向を、先頭→末尾、先頭←末尾、と交互に切り替えて、ソート対象を狭めていけばよいでしょう。このアイディアで改良したバブルソートを「シェーカーソート」(shaker sort) と呼びます。処理を行う方向が交互に変わる様子が、カクテルを作るときに上下に振るシェーカーのようだからです。

シェーカーソートのプログラム

図5-6は、シェーカーソートでソート対象が狭められていく様子を示したものです。

(1) 1回目のソート対象（先頭から末尾まで）

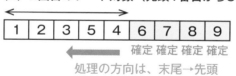

処理の方向は、先頭→末尾

(2) 2回目のソート対象（先頭1番目から5番目まで）

処理の方向は、末尾→先頭

(3) 3回目のソート対象（先頭5番目）

| 1 | 2 | 3 | 4 | 5 | 6 | 7 | 8 | 9 |
| 確定 | 確定 | 確定 | 確定 | | 確定 | 確定 | 確定 | 確定 |

要素が1個になったら終了

図5-6　シェーカーソートでソート対象が狭められていく様子

図5-6の（3）のように、要素が1個になったらソートは完了です。

リスト5-2は、シェーカーソートをPythonのプログラムにしたものです。この

プログラムをshaker.pyというファイル名で作成してください。

リスト5-2　シェーカーソート（shaker.py）

```
# ソートする配列
a = [1, 2, 3, 6, 5, 4, 7, 8, 9] ───────────(1)

# 処理回数
count = 0

# ソート対象の先頭の添字
top = 0

# ソート対象の末尾の添字
tail = len(a) - 1

# ソート対象の要素が1個になるまで繰り返す
while top < tail:
    # 要素が交換されたことを示す変数swap_flagをFalseに設定する
    swap_flag = False
    # 比較位置
    index = top
    # 配列の先頭から末尾に向かって処理を繰り返す
    while index < tail:
        # 処理回数をカウントアップする
        count += 1
        # 隣り合った要素を比較する
        if a[index] > a[index + 1]:
            # 小さい方が前になるように交換する
            temp = a[index]
            a[index] = a[index + 1]
            a[index + 1] = temp
            # 最後に値が交換された位置を変数last_indexに設定する
            last_index = index
            # 値が交換されたのでswap_flagをTrueに設定する
            swap_flag = True
        # 比較する位置を1つ後ろに進める
        index += 1
    # 要素が交換されていなければ(ソートが完了していれば)処理を終了する
    if swap_flag == False:
        break
    # ソート対象の末尾を最後に値が交換された位置まで狭める
    tail = last_index
```

次ページに続く

```
    # 要素が交換されたことを示す変数swap_flagをFalseに設定する
    swap_flag = False
    # 比較位置
    index = tail
    # 配列の末尾から先頭に向かって処理を繰り返す
    while index > top:
        # 処理回数をカウントアップする
        count += 1
        # 隣り合った要素を比較する
        if a[index - 1] > a[index]:
            # 小さい方が前になるように交換する
            temp = a[index]
            a[index] = a[index - 1]
            a[index - 1] = temp
            # 最後に値が交換された位置を変数last_indexに設定する
            last_index = index
            # 値が交換されたのでswap_flagをTrueに設定する
            swap_flag = True
        # 比較する位置を1つ前に進める
        index -= 1
    # 要素が交換されていなければ(ソートが完了していれば)処理を終了する
    if swap_flag == False:
        break
    # ソート対象の先頭を最後に値が交換された位置まで狭める
    top = last_index

# ソート後の配列の内容と処理回数を表示する
print(a)
print(count)
```

　ここでは、(1) のa = [1, 2, 3, 6, 5, 4, 7, 8, 9]という配列をソートしています。
この配列には、先頭と末尾にソート済みの部分があります。コメントを参考にし
て、プログラムの内容を見てください。

　このプログラムには、シェーカーソートの手順の部分以外に、もう1つの改良を
加えてあります。それは、ソート対象を処理したときに、要素の交換が1回も行わ
れなかった場合は配列全体のソートが完了したと判断できるため、その時点で処理
を終了するという改良です。

　図5-7に、shaker.pyの実行結果を示します。

図5-7　shaker.pyの実行結果

　処理回数は12回です。同様の配列を普通のバブルソートでソートすると、処理回数は36回になります。これは、リスト5-1の（1）のa = [78, 34, 56, 12]を、リスト5-2の（1）のa = [1, 2, 3, 6, 5, 4, 7, 8, 9]に書き換えてプログラムを実行すると確認できます。

　処理回数を見ると、シェーカーソートは、普通のバブルソートと比べて、大幅に効率化できることがわかります。

■「コムソート」を使って効率化する

　普通のバブルソートを改良するアイディアをもう1つ紹介しましょう。普通のバブルソートでは、隣り合った要素を比較して交換していました。しかし、配列の内容によっては、大きく離れた要素を比較して交換した方が効率的な場合があります。そのようなときに使える「コムソート」というアルゴリズムを説明します。

コムソート

　図5-8の配列の例を見てください。

（1）隣り合った要素の比較と交換をする場合は、
　　 1が先頭に移動するまで4回の比較と交換を行う

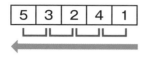

（2）4個離れた要素の比較と交換をする場合は、
　　 1が先頭に移動するまで1回で済む

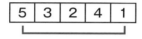

図5-8　配列の末尾の1が先頭に浮かび上がるまでの処理回数

　図5-8の（1）に示したような配列では、末尾にある最小値の1が先頭に浮かび
上がるまでに、1と隣り合った要素の比較と交換が全部で4回行われます。このよ
うな場合には、隣り合った要素ではなく、離れた要素を比較して交換すれば、後
方にある要素を一気に前方に浮かび上がらせることができます。例えば、図5-8の
（2）のように4個離れた要素と比較して交換すれば、1回で末尾にある1が先頭に
浮かび上がります。

　このアイディアで改良したバブルソートを「コムソート」（comb sort）といい
ます。コムソートでは、要素を比較して交換する間隔を、はじめにある程度大き
くしておきます。その間隔を徐々に小さくして、最終的に1にします。間隔のサイ
ズが1というのは、隣り合った要素の交換のことです。

　コムソートの「コム」とは、髪をとかす櫛（くし）という意味です。要素を交
換する間隔を徐々に小さくすることで、配列全体は徐々に整って（ソートされて）
いきます。この様子が櫛で髪をとかすことに似ているので、コムソートと呼ぶので
す。この様子を図5-9に示します。

（1）ソート前

5 3 2 4 1

> まず、**間隔＝3**で
> 比較と交換を行う

（2）間隔＝3で比較と交換を行ったあと

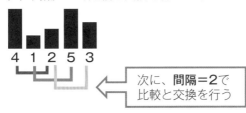

4 1 2 5 3

> 次に、**間隔＝2**で
> 比較と交換を行う

（3）間隔＝2で比較と交換を行ったあと

2 1 3 5 4

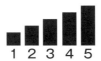

> 次に、**間隔＝1**で
> 比較と交換を行う

（4）間隔＝1で比較と交換を行ったあと（ソート完了）

1 2 3 4 5

図5-9　コムソートで配列が徐々に整っていく様子

　図5-9では、要素の値を数字と棒の高さで表し、櫛で髪をとかすようなイメージをわかりやすく示しています。ここでは、櫛の間隔（要素を比較する間隔）のサイズを、3→2→1と小さくしていっています。

　コムソートは、要素数が多い配列で大きな効果があります。

コムソートのプログラム

リスト5-3は、1〜100の値の要素がランダムに並んだ配列を、コムソートでソートするプログラムです。

リスト5-3　コムソート（comb.py）

```python
# ソートする配列
import random ──────────┐
a = list(range(1, 101))         (1)
random.shuffle(a) ────────┘

# 処理回数
count = 0

# ソート対象の先頭の添字
top = 0

# ソート対象の末尾の添字
tail = len(a) - 1

# 間隔の初期サイズ ──────────(2)
gap = len(a)

# 間隔を狭める割合
NARROW_RATE = 1.3 ──────────(3)

# 要素が交換されたことを示す変数swap_flagをFalseに設定する
swap_flag = False

# ソートが完了するまで繰り返す
while gap > 1 or swap_flag == False:
    # 間隔を狭める
    gap = int(gap / NARROW_RATE) ──────────(4)

    # 間隔が0なら、間隔を1にする
    if gap == 0:
        gap = 1
    # 間隔が9または10なら、間隔を11にする
    elif gap == 9 or gap == 10: ──────────(5)
        gap = 11

    swap_flag = True
    index = 0
```

次ページに続く

```
    while index + gap <= tail:
        # 処理回数をカウントアップする
        count += 1
        # 間隔分だけ離れた要素を比較する
        if a[index] > a[index + gap]:
            # 小さい方が前になるように交換する
            temp = a[index]
            a[index] = a[index + gap]
            a[index + gap] = temp
            swap_flag = False
        # 比較する位置を1つ後ろに進める
        index += 1

# ソート後の配列の内容と処理回数を表示する
print(a)
print(count)
```

　リスト5-3の（1）では、range関数で1～100の値の要素を持つ配列を作り、それをrandomモジュールのshuffle関数でシャッフルしています。

　（2）の変数gapの値が、要素を比較する間隔のサイズです。ここでは変数gapの初期値を、要素数（＝100）に設定しています。

　（3）では、定数NARROW_RATEを1.3に設定しています。この1.3という数値は、実験的に求められた最適な値です。

　（4）で、変数gapを定数NARROW_RATE（＝1.3）で割った値（小数点以下はカット）にすることを繰り返します。ここでは要素数が100なので、間隔のサイズ（変数gap）は、

$$100 \div 1.3 = 76$$
$$\rightarrow 76 \div 1.3 = 58$$
$$\rightarrow 58 \div 1.3 = 44$$
$$\rightarrow 44 \div 1.3 = 33$$
$$\rightarrow （以下、略）$$

と、小さくなっていきます。

　さらに、このプログラムには、もう1つの改良を加えています。リスト5-3の（5）では、間隔のサイズ（変数gap）が9または10のときに、変数gapを11に設定して

います。これは、間隔のサイズが「(略)→9→6→4→3→2→1」または「(略)→10→7→5→3→2→1」と小さくなるより、「(略)→11→8→6→4→3→2→1」と小さくなる方が効率的であることが、実験的にわかっているからです。この改良を加えたコムソートを、「コムソート11」（comb sort 11）と呼びます。

間隔のサイズが1になり、かつ、要素の交換が生じなくなったら、ソートが完了したと判断します。

そのほかのプログラムの内容は、コメントを参考にしてください。

図5-10に、comb.pyの実行結果を示します。

図5-10　comb.pyの実行結果

処理回数は「1195」と表示されていますが、コムソートでは、実行するたびに異なる場合があります。コムソートの処理回数は、間隔のサイズが1になったときの処理回数に違いが生じることがあるからです。例で示した配列では、1195回だけでなく、1294回や1393回になる場合があります。

同様の配列を普通のバブルソートでソートすると、処理回数は常に4950回にな

ります。これは、リスト5-1の（1）のa = [78, 34, 56, 12]を、リスト5-3の（1）の3行のコードに書き換えてプログラムを実行すれば確認できます。

処理回数を比べると、コムソートは普通のバブルソートよりも大幅に効率化できることがわかります。

6

「バケツソート」を
改良する

本章のポイント

基本のアルゴリズム

「バケツソート」で要素を整列させる

ソートアルゴリズムの中でも、かなり変わったアルゴリズムである「バケツソート」を解説します。要素を比較せずにソートするアルゴリズムです。

改良テクニック1

「分布数え上げソート」を使って応用する

普通のバケツソートのアルゴリズムでは、配列の中に2つ以上同じ値が含まれている場合、うまくソートできません。この問題を解決するには、各要素の値の「出現回数」をカウントする「分布数え上げソート」を使います。

改良テクニック2

「基数ソート」を使って応用する

バケツソートのアルゴリズムは、広い範囲の値をソートするには非効率です。この問題を、「基数ソート」というアルゴリズムを使って解決します。

「バケツソート」を改良する

　本章では、5章に続いて、ソートアルゴリズムの1つである「バケツソート」（bucket sort）を紹介します。そして、バケツソートを効率化するための改良テクニックを解説します。

■「バケツソート」で要素を整列させる

　ソートアルゴリズムには、5章で解説したバブルソートをはじめ、選択法、挿入法、クイックソート、マージソートなど、様々なものがあります。バケツソートの特徴と手順を説明していきます。

要素同士を比較せずにソートする

　バケツソートは、かなり変わったソートアルゴリズムです。

　なぜ、変わったソートアルゴリズムだと言えるのでしょうか。その理由は、多くのソートアルゴリズムでは配列内の要素同士を比較しますが、バケツソートでは要素同士の比較をしないからです。

　本章ではバケツソートを改良していきますが、改良したソートアルゴリズムでも、要素同士を比較しません。どのような手順でソートするのか、あとで詳しく説明します。

　また、多くのソートアルゴリズムが様々な場面で使えるのに対して、バケツソートは使える場面が限られています。例えば、学校のテストの得点データのように、「数値の範囲が狭い整数データ」をソートする場面で使うのに適しています。その理由は後述します。

　バケツソートの手順を図6-1に示します。ここでは、5人分の10点満点のテストの得点を格納した配列aを、バケツソートで昇順（小さい順）にソートすることにします。

## Chapter 6

（1）配列aの要素の値が取り得る範囲（0～10）と同じ要素番号を持つ
配列bの要素b[0]～b[10]を用意する

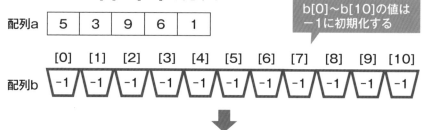

（2）配列aの要素の値を1つずつ取り出し、
取り出した値と同じ要素番号の配列bの要素に格納する

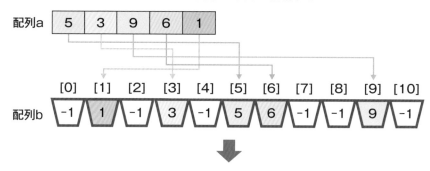

（3）配列bの先頭から順に、値が「－1」でない要素を配列aに取り出す

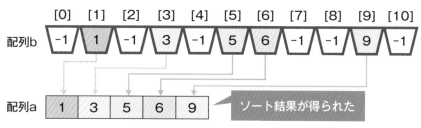

図6-1　バケツソートの手順

　図6-1の（1）では、まず、配列aの5つの要素に「5、3、9、6、1」という5人分のテストの得点を格納しています。次に、この配列aの要素の値が取り得る範囲（10点満点のテストの得点なので0～10点）と同じ要素番号を持つ配列bを用意します。ここでは、配列aの要素の値の範囲である0～10点に対して、b[0]～

b[10]が配列bの要素となります。配列bのこれらの要素が、バケツソートの「バケツ」に相当します。このバケツに、ソート対象のデータ（配列aの要素の値）を並べ替えて格納し、そこから取り出すことでソートを行っていきます。

　これは、配列aの要素の値が取り得る範囲が広くなるほど、バケツの数を増やさなくてはならないことを意味します。大量のバケツを用意するというのは、コンピュータのメモリー量を増やすということです。しかし、現実にはメモリー量は限られています。つまり、前述したように、バケツソートは値の範囲が広いデータをソートするのには適していないのです。

　なお、ソート前の配列bの要素は、すべて「－1」（ソート対象のデータが格納されていないことを示す値）に初期化しておきます。

　(2)では、配列aの要素を1つずつ取り出し、要素の値と同じ要素番号のバケツに格納します。例えば、配列aの要素の値が「5」ならb[5]のバケツに格納し、「3」ならb[3]のバケツに格納します。このように、配列aのすべての要素を配列bに格納します。

　(3)では、配列bの先頭から順に、値が「－1」でない要素を配列aに取り出しています。その結果、配列aに「1、3、5、6、9」というソート結果が得られました。

　いかがでしょうか？　前述したように、(1)〜(3)の手順では、配列aの要素同士の比較をしていませんが、正しく昇順にソートされました。

バケツソートのプログラム

　リスト6-1は、バケツソートで「5、3、9、6、1」という配列を昇順にソートするプログラムです。配列は、Pythonのリストを使って表しています。Pythonのリストは可変長なので、任意の数の要素を格納できます。このプログラムをbucket.pyというファイル名で作成してください。

```
# ソート前の配列a
a = [5, 3, 9, 6, 1] ─────────(1)

# バケツの役割をする配列b
b = [-1, -1, -1, -1, -1, -1, -1, -1, -1, -1, -1] ─────────(2)

# 配列aの要素の値を要素番号に対応付けて配列bに格納する
for data in a: ─────────(3)
    b[data] = data ─────────

# 配列bの－1でない要素を配列aに取り出す
a = [] ─────────
for data in b:
    if data != -1:          (4)
        a.append(data) ─────────

# ソート後の配列aの内容を表示する
print(a) ─────────(5)
```

　プログラムの内容を説明しましょう。

　（1）は、ソート前の配列aです。

　（2）は、バケツの役割をする配列bです。配列bのすべての要素を－1に初期化しています。

　（3）で、ソートを行っています。ソートの手順は、配列aの先頭から順に要素を変数dataに取り出し、それをb[data]に格納するだけです。

　（4）では、配列aの内容をいったん空にし、配列bにおいて値が－1でない要素（つまりソート対象のデータが格納されている要素）を取り出して、それを配列aに格納しています。ここではappendメソッドを使って引数の値をリストに追加しています。

　（5）でソート後の配列aの内容を表示しています。

　bucket.pyの実行結果を図6-2に示します。

図6-2　bucket.pyの実行結果

「1、3、5、6、9」という正しいソート結果が得られました。

■「分布数え上げソート」を使って応用する

　ここからは、バケツソートを改良します。先ほどのバケツソートのプログラム
では、配列aの要素の中に同じ値が含まれているとソートができません。例えば、
「5、3、9、3、5」という配列には、「5」と「3」がそれぞれ2つずつあります。
このような場合は、2つの「5」と「3」がそれぞれ同じバケツに格納されるので、
ソート結果が「3、5、9」になってしまいます。正しくは「3、3、5、5、9」に
なるべきです。

　この問題を解決するのが「分布数え上げソート」（counting sort）です。

分布数え上げソート

　分布数え上げソートは、バケツソートのバケツに、配列の各要素の値の「出現
回数」をカウントして格納するというアルゴリズムです。

　分布数え上げソートの手順を図6-3に示します。配列aには「5、3、9、3、5」
というテストの得点を格納します。先ほどと同様に10点満点のテストだとします。

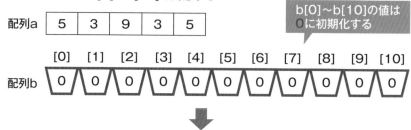

（1）配列aの要素の値が取り得る範囲（0〜10）と同じ要素番号を持つ
　　配列bの要素b[0]〜b[10]を用意する

b[0]〜b[10]の値は
0に初期化する

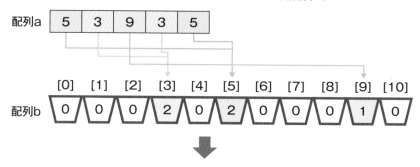

（2）配列aの要素の値を1つずつ取り出し、取り出した値と同じ要素番号の
　　配列bの要素に、その値の出現回数をカウントして格納する

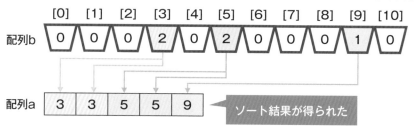

（3）配列bの先頭から順に、カウントした分、配列bの要素番号を配列aに取り出す

ソート結果が得られた

図6-3　分布数え上げソートの手順

　図6-3の（1）では、図6-1の（1）と同様に、バケツの役割をする配列bを用意します。配列bのすべての要素は0に初期化します。

　（2）では、配列aの要素の値の出現回数をカウントし、配列aの要素の値と同じ要素番号の配列bのバケツに、カウントした数を格納します。例えば、配列aの要素の5の出現回数は「2回」なので、b[5]のバケツには「2」を格納します。3の

出現回数は「2回」なので、b[3]のバケツに「2」を格納します。このように、配列aのすべての要素の出現回数を配列bに格納します。

（3）では、配列bから要素の値を取り出しています。カウントした出現回数の分、配列bの要素番号を繰り返して配列aに格納します。その結果、「3、3、5、5、9」という正しいソート結果が得られました。

分布数え上げソートのプログラム

リスト6-2は、分布数え上げソートで「5、3、9、3、5」を昇順にソートするプログラムです。このプログラムをcounting.pyというファイル名で作成してください。

リスト6-2　バケツソートのプログラム（counting.py）

```
# ソート前の配列a
a = [5, 3, 9, 3, 5] ————————(1)

# バケツの役割をする配列b
b = [0, 0, 0, 0, 0, 0, 0, 0, 0, 0, 0] ————————(2)

# 配列aの要素の値を配列bの要素番号に対応付けてカウントする
for data in a: ————————(3)
    b[data] += 1

# 配列bからカウントした分、要素を繰り返し配列aに取り出す
a = []
for idx, data in enumerate(b, start=0):
    for _ in range(data):                        (4)
        a.append(idx)

# ソート後の配列aの内容を表示する
print(a) ————————(5)
```

このプログラムの内容を説明しましょう。

（1）は、ソート前の配列aです。

（2）は、バケツの役割をする配列bです。配列bのすべての要素を0で初期化しています。

（3）と（4）でソートを行っています。（3）では、配列aの要素の値を配列bの

要素番号に対応付けています。プログラムの処理では、配列aの先頭から順に要素を変数dataに取り出し、b[data]の値に1を加えるだけです。1を加えることで、要素の値の出現回数をカウントアップしています。

（4）では、配列aの内容をいったん空にしてから、カウントした出現回数分だけ配列bの要素番号を繰り返して配列aに取り出しています。

「for idx, data in enumerate(b , start=0):」というfor文では、配列bの要素を1つずつ取り出しています。取り出した要素番号が変数idxに、要素の値が変数dataに得られます。Pythonのenumerate関数は、配列の要素の値と要素番号の組を作ります。引数start=0としているので、0から始まる要素番号になります。

「for _ in range(data):」というfor文では、変数dataの値の数だけ処理を繰り返しています。繰り返すのは「a.append(idx)」という処理です。ここでは、配列bの要素番号（ソート対象のデータの値に相当します）を配列aに格納しています。

（5）で、ソート後の配列aの内容を表示しています。

counting.pyの実行結果の例を図6-4に示します。「3、3、5、5、9」という正しいソート結果が得られました。

図6-4　counting.pyの実行結果

■「基数ソート」を使って応用する

ここまでで、0～10が取り得る値の範囲である10点満点のテストの得点のソートをしました。1000点満点のテストのように、もう少し広い範囲の値のソートをする場合は、これまで紹介した2つのソートアルゴリズムを使うのは適切ではありません。前述したように、大量のバケツを用意するのは現実的ではないからです。

ということで、最後に、バケツの数を増やさずに広い範囲の値をソートをするアルゴリズムを紹介します。

バケツの数を増やさないテクニック

　配列aに格納された「253、178、364、558、396」というテストの得点を昇順にバケツソートします。このテストは、1000点満点だとします。これまでの方法だと、0点〜1000点という得点の範囲に対応して、バケツの役割をする配列bの要素数をb[0]〜b[1000]の1001個用意することになります。しかし、わずか5つの要素をソートするのに要素数1001個の配列を用意するのは無駄なことです。

　この問題を「基数ソート」（radix sort）というアルゴリズムで解決します。基数ソートは、ソートする要素の値の最下位桁から順に1桁ずつ注目し、バケツへの格納と取り出しを繰り返すというアルゴリズムです。基数とは、10進数なら「10」のことです。10進数の1桁の値は、0〜9なので、バケツとなる配列bの要素はb[0]〜b[9]の10個で済みます。バケツの数が基数と同じになるので、基数ソートと呼ぶのです。

基数ソートのポイント

　基数ソートのアルゴリズムは、複数の値を組み合わせたデータをソートする場面を想定するとわかりやすいでしょう。複数の値を組み合わせたデータというのは、例えば「2021/12/23、2022/1/15、2021/8/10」のような「年／月／日」形式の日付のようなデータのことです。この形式のデータをソートするとしたら、「年」と「月」と「日」の値をそれぞれ順番にソートするでしょう。このとき、最上位の「年」からではなく、最下位の「日」から順にソートをすることがポイントです。

　なぜ最下位の「日」から順にソートするのでしょうか？　それを理解するために、まず最上位の「年」から順にソートする例を図6-5に示します。

「年」からソートする場合

2021/12/23、2022/1/15、2021/8/10

「年」をソートする

2021/12/23、2021/8/10、2022/1/15

「月」をソートする

2022/1/15、2021/8/10、2021/12/23

「日」をソートする

2021/8/10、2022/1/15、2021/12/23

ソート結果が正しくない

図6-5 「年/月/日」の形式のデータを「年」から順にソートする

　図6-5のように、はじめに最上位の「年」の値でソートして、次に「月」の値で
ソートして、最後に「日」の値でソートすると、正しいソート結果が得られませ
ん。「年」と「月」と「日」で区切って、それぞれの値同士だけで「年」から順に
ソートすると、このような結果になります。
　一方で、最下位の「日」から順にソートする例を図6-6に示します。

「日」からソートする場合

2021/12/23、2022/1/15、2021/8/10

 「日」をソートする

2021/8/10、2022/1/15 、2021/12/23

 「月」をソートする

2022/1/15、2021/8/10、2021/12/23

 「年」をソートする

2021/8/10、2021/12/23 、2022/1/15

ソート結果は正しい

図6-6 「年/月/日」の形式のデータを「日」から順にソートする

　図6-6のように、はじめに最下位の「日」の値でソートして、次に「月」の値で
ソートして、最後に「年」の値でソートすると、正しいソート結果が得られます。

　基数ソートでは、これと同様のことを10進数のデータで行います。例えば「253、
178、364、558、396」をソートするとしたら、はじめに1の位でソートして、次
に10の位でソートして、最後に100の位でソートするということです。
　1000点満点のテストの場合、取り得る範囲は1〜1000です。1000の位まであ
るので、1の位から1000の位まで順番にソートする必要があります。しかし、こ
こで例としている配列aの要素（253、178、364、558、396）には、1000とい
う値が含まれていないので、説明を簡単にするために100の位までのソートをする
こととします。

基数ソートの手順

　では、基数ソートの手順を説明していきましょう。

図6-7では、配列aの要素の値を1の位でバケツソートしています。

1の位でソートする

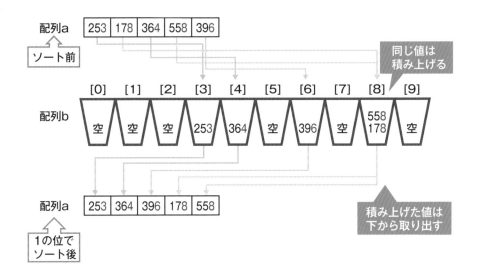

図6-7　基数ソートの手順その1（1の位でソートする）

なお、個々のバケツの内容は、データを格納する前に空で初期化しておきます。

同じ値がある場合は、1つのバケツに複数の値を入れます。例えば、「178」と「558」の1の位は両方とも「8」で同じなので、同じb[8]のバケツに値を入れています。同じバケツを使う場合は、178、558と下から積み上げるように値を格納していきます。

複数の値を入れられるように、バケツのサイズを大きくしています。あとで示すプログラムでは、個々のバケツをPythonのリストで表します。

バケツから配列aに要素を取り出すときは、積み上げた値を下から順に取り出します。例えば178、558と積み上げたb[8]のバケツからは、178、558の順に取り出して配列aに格納します。このようにすることで、次の位（10の位）でバケツソートをするときにも、現在の並び順を保ったまま作業することができます。

1の位でソートしたあとの配列aは「253、364、396、178、558」になりました。この配列aの要素の値を、次は10の位でバケツソートします。

図6-8では、1の位でソートしたあとの配列aの要素の値を、10の位でバケツソートします。

10の位でソートする

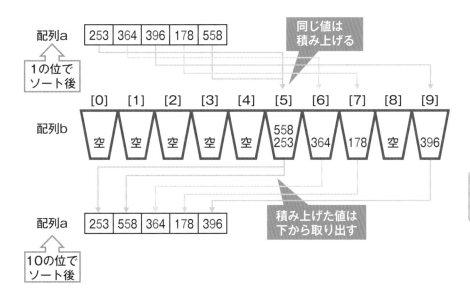

図6-8　基数ソートの手順その2（10の位でソートする）

先ほどと同様に、同じ値は同じバケツに下から積み上げ、バケツから取り出すときは下から順に取り出します。

10の位でソートしたあとの配列aは「253、558、364、178、396」になりました。この配列aの要素の値を、次は100の位でバケツソートします。

図6-9では、10の位でソート後の配列aの要素の値を、100の位でバケツソートしています。

100の位でソートする

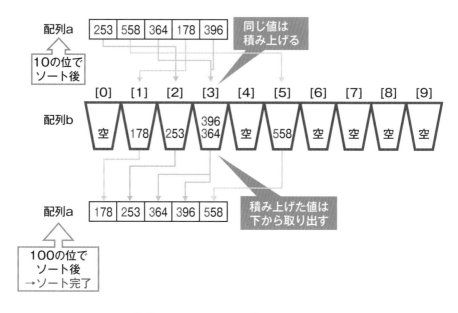

図6-9　基数ソートの手順その3（100の位でソートする）

　100の位でソートしたあとの配列aは「178、253、364、396、558」になりました。これで、1の位から100の位までのすべての位においてソートが完了しました。

基数ソートのプログラム

　リスト6-3は、基数ソートで「253、178、364、558、396」を昇順にソートするプログラムです。このプログラムをradix.pyというファイル名で作成してください。

```
# ソート前の配列a
a = [253, 178, 364, 558, 396] ─────────── (1)


# 配列aの内容を表示する
print(a) ─────────────────────── (2)


# 値を取り出す位を示す変数を1の位で初期化する
n = 1 ─────────────────────── (3)


# 1の位～100の位で基数ソートする
while n <= 100: ─────────────────── (4)
    # バケツの役割をする配列bのb[0]～b[9]を空のリストで初期化する
    b = [[], [], [], [], [], [], [], [], [], []] ─────────── (5)
    # 配列aの要素をバケツに格納する
    for data in a: ─────────────── (6)
        # nの位の値を取り出す
        i = data % (n * 10) // n ────── (7)
        # バケツにデータを格納する
        b[i].append(data) ────────── (8)
    # バケツから取り出したデータを配列aに格納する
    a = []
    for bucket in b:                          (9)
        for data in bucket:
            a.append(data) ───────
    # 配列aの内容を表示する
    print(a) ─────────────────── (10)
    # 値を取り出す位を10倍して次の位に進める
    n *= 10 ─────────────────── (11)
```

（1）は、ソート前の配列aです。

（2）で、ソート前の配列aの内容を表示しています。これは、ソート後の配列a と比較するためです。

（3）で、ソートする位を表す変数nの値を1で初期化しています。

（4）のwhile文で、変数nを1、10、100と変化させることで、1の位、10の 位、100の位を順番に設定します。

（5）で、バケツの役割をする配列bを空のリストで初期化しています。

（6）のfor文で、配列aの要素をバケツに格納しています。ここで、ポイントと なるのは、（7）の「i = data % (n * 10) // n」という計算です。この計算によっ

て、配列aから取り出したdataのnの位の値を変数iに得ています。Pythonでは、%が割り算の余りを求める演算子で、//が割り算の商（割り算結果の小数点以下をカットした値）を求める演算子です。例えば、変数dataが253、変数nが10のとき、253 % (10 * 10)//10＝5が得られます。つまり、253という値の10の位の「5」が得られたということです。

（8）で、i番目のバケツであるb[i]に変数dataの値を格納しています。

for文の繰り返しが終わると、nの位のソート（バケツへの格納）は終了です。

（9）では、配列aを初期化し、バケツの先頭から順にデータを取り出して配列aに格納しています。

（10）で、ここまでのソートが終わった配列aの内容を表示します。

（11）で、nの値を10倍して、次の位の処理に進みます。1の位から100の位までのソートが終わって、最後に表示された配列aの内容がソート完了の状態です。

radix.pyの実行結果の例を図6-10に示します。

図6-10　radix.pyの実行結果

配列aの内容が4つ示されています。これらは上から順に、ソート前、1の位でのソート後、1の位と10の位でのソート後、1の位から100の位でのソート後（ソート完了）の配列aを表しています。最終的に「178、253、364、396、558」という正しいソート結果が得られています。

ちなみに、この例では、配列aの要素がすべて3桁の値でしたが、1桁や2桁の値がある場合も、正しくソートできます。上位桁が0と見なされるからです。

7

「部分和問題」の解法を改良する

基本のアルゴリズム

「全探索」で「部分和問題」を解く

「部分和問題」とは、「与えられた数列の中から任意の数字を選び、それらを足し合わせることで、目的の数を作れるかどうかを判定する」という問題です。まずは、これを解くシンプルな「全探索」のアルゴリズムを解説します。

改良テクニック1

「再帰」を使って全探索する

シンプルな全探索のアルゴリズムを使ったプログラムでは、特定の数列の全探索を行うことしかできません。どのような数列に対しても全探索ができるように、「再帰」を使ったアルゴリズムに改良します。

改良テクニック2

「メモ化再帰」を使って効率化する

再帰を使ったアルゴリズムでは、同じ処理が何度も呼ばれることがあります。同じ処理を何度も行うことは無駄です。この無駄をなくすための「メモ化再帰」というテクニックを解説します。

改良テクニック3

「bit全探索」を使って効率化する

再帰ではない手法を使って、全探索を効率化します。それは、ビット演算を使った「bit全探索」というアルゴリズムです。このアルゴリズムを解説します。

「部分和問題」の解法を改良する

本章では、「部分和問題」を解くためのアルゴリズムを解説します。まず、すべての組み合わせをチェックする「全探索」を紹介します。そのあとで、「再帰」やビット演算などといった、効率的に探索を行うテクニックを使ってプログラムを改良します。

■ 「全探索」で「部分和問題」を解く

「部分和問題」とは、「与えられた数列の中から任意の数字を選び、それらを足し合わせることで、目的の数を作れるかどうかを判定する」という問題です。本章では、部分和問題を解くプログラムを少しでも改良しようというのがテーマです。

まずは、シンプルな「全探索」というアルゴリズムを解説します。

シンプルな全探索

部分和問題の説明から始めましょう。

例えば、「2、4、7という数列から9ができるか？」という問題なら、答えは「できる」です。この問題では、「2、4、7」が与えられた数列で、「9」が目的の数です。「2」と「7」の数字を選んで足すと、目的の数の「9」になります。

目的の数が「10」のときを考えてみましょう。先ほどと同じ数列「2、4、7」で「10ができるか？」という問題なら、答えは「できない」です。

このような部分和問題を解くには、すべての組み合わせをチェックするという方法があります。すべての組み合わせをチェックすることを「全探索」と呼びます。

はじめに、何ら工夫のないシンプルな全探索のプログラムを作ってみましょう。あとで改良を加えたプログラムをいくつか作り、シンプルなプログラムとそれらを比べます。

図7-1を見てください。要素数3個の数列「2、4、7」の中から数字を選ぶとき

の組み合わせを示します。

2	4	7	足した値
N	N	N	0
N	N	Y	7
N	Y	N	4
N	Y	Y	11
Y	N	N	2
Y	N	Y	9
Y	Y	N	6
Y	Y	Y	13

8通り

※要素を選ばないことを「N」、選ぶことを「Y」で示しています。

図7-1　要素数3個の数列の中から任意の数字を選ぶすべての組み合わせは8通りである

　ここでは、「2、4、7」という数列のすべての組み合わせをチェックします。数列の要素数は3個です。それぞれの要素に対して、「選ばない」(N) と「選ぶ」(Y) の2通りの選択肢があるので、すべての組み合わせは、2×2×2＝8通りになります。この8通りを全探索すれば、部分和問題を解くことができます。

全探索のプログラム

　リスト7-1は、for文を使った全探索で部分和問題を解くプログラムです。このプログラムをssp1.pyというファイル名で作成してください。sspは、「subset sum problem」(部分和問題) の略です。

リスト7-1 for文を使った全探索で部分和問題を解くプログラム（ssp1.py）

```
# 数列
seq = [2, 4, 7] ───────────(1)

# 数列の内容を表示する
print(seq)

# 目的の数をキー入力する
```

次ページに続く

```python
val = int(input("目的の数-->"))                           ———————————(2)

# 数を選んだらTrueに、選ばなかったらFalseにする ———————(3)
sel = [None, None, None]

# 判定結果をFalse（できない）にしておく
judge = False

# 3重のfor文で全探索を行う
for i in range(2):                # iを0と1に変化させるループ ——————(4)
    for j in range(2):            # jを0と1に変化させるループ ——————(5)
        for k in range(2):        # kを0と1に変化させるループ ——————(6)
            sum = 0               # 足し合わせた値をゼロにしておく ─┐
            if i == 0:            # iが0ならseq[0]を選ばない        │
                sel[0] = False    # sel[0]をFalse（選ばない）に設定する│
            else:                 # iが1ならseq[0]を選ぶ            │
                sum += seq[0]     # 足し合わせた値にseq[0]を追加する │
                sel[0] = True     # sel[0]をTrue（選ぶ）に設定する   │
            if j == 0:            # jが0ならseq[1]を選ばない        │
                sel[1] = False    # sel[1]をFalse（選ばない）に設定する│(7)
            else:                 # jが1ならseq[1]を選ぶ            │
                sum += seq[1]     # 足し合わせた値にseq[1]を追加する │
                sel[1] = True     # sel[1]をTrue（選ぶ）に設定する   │
            if k == 0:            # kが0ならseq[2]を選ばない        │
                sel[2] = False    # sel[2]をFalse（選ばない）に設定する│
            else:                 # kが1ならseq[2]を選ぶ            │
                sum += seq[2]     # 足し合わせた値にseq[2]を追加する │
                sel[2] = True     # sel[2]をTrue（選ぶ）に設定する ─┘
            if sum == val:        # 目的の数ができる場合 ——————————(8)
                judge = True      # judgeをTrue（できる）に設定する
                break             # kのループを抜ける ─────────────┐
        if judge:                 # judgeがTrue（できる）なら         │
            break                 # jのループを抜ける ───────────────│(9)
    if judge:                     # judgeがTrue（できる）なら         │
        break                     # iのループを抜ける ───────────────┘

# 判定結果を表示する
if judge:
    print("できる")               ———————————————(10)
    print(sel)                    ———————————┘
else:
    print("できない")             ——————————————(11)
```

（1）では、数列を seq = [2, 4, 7] という Python のリストで表しています。

（2）では、目的の数を、キー入力で変数 val に格納します。

（3）の sel = [None, None, None] は、数列「2、4、7」に対応したリストです。組み合わせをチェックするときに、それぞれの数を選んだ場合は True を、選ばなかった場合は False を設定します。ここでは、None で初期化しています。

（4）は、変数 i をループカウンタ（繰り返しをカウントする変数）とした for 文です。この for 文では、i の値を 0 と 1 に変化させ、数列「2、4、7」の「2」を選ぶかどうかを決めます。i の値が 0 なら選ばず、1 なら選びます。

（5）の変数 j をループカウンタとした for 文では、j の値を 0 と 1 に変化させ、数列「2、4、7」の「4」を選ぶかどうかを決めます。j の値が 0 なら選ばず、1 なら選びます。

（6）の変数 k をループカウンタとした for 文では、k の値を 0 と 1 に変化させ、数列「2、4、7」の「7」を選ぶかどうかを決めます。k の値が 0 なら選ばず、1 なら選びます。

（7）では、（4）～（6）の 3 重の for 文で選んだ数をすべて足し、その足した値を変数 sum に入れています。

（8）で、変数 sum の値が、目的の数 val と一致するかどうかを判定しています。一致した場合は（10）で、「できる」という文字と、リスト sel を表示します。(3)で初期化した sel = [None, None, None] には、（7）で、数列「2、4、7」のそれぞれの数字を選んだら True を、選んでいないなら False を設定しています。

（9）の、3 つの break 文は、3 重の for 文を抜けるためのものです。選んだ数の組み合わせで目的の数を作れると判断したときに、変数 judge（初期値は False）を True に設定して、繰り返しを終了します。

変数 judge が False のまま for 文を終了した場合は、すべての組み合わせをチェックしても目的の数を作れなかったと判断し、（11）で「できない」と表示します。

ssp1.py の実行結果の例を図 7-2 に示します。

目的の数を作れる場合

目的の数を作れない場合

図7-2　ssp1.pyの実行結果の例

「目的の数」と表示されたら、ユーザーは任意の数をキー入力します。ここでは「9」や「10」と入力しています。いずれの場合でも、正しい結果が得られました。

■ 「再帰」を使って全探索する

先ほどの全探索のプログラムでは、数列の要素数を「2、4、7」の3個に固定し、それに合わせて3重のfor文でチェックをしていました。この手法では、任意の要素数の数列をチェックすることができません。それを解決するために改良を行います。

再帰を使った全探索

先ほどの全探索で任意の要素の数列をチェックできないのではなぜでしょうか。

なぜなら、任意の要素数の数列をキー入力で作るプログラムにおいて、その数列の要素数に合わせて自動的にfor文の数を変えることはできないからです。

こういった場合には、for文ではなく、「再帰」（再帰呼び出し）を使ったアルゴリズムに改良するとよいでしょう。「再帰」は、関数の中で同じ関数を呼び出すことで繰り返しを実現するテクニックです。

リスト7-2は、再帰を使った全探索で部分和問題を解くプログラムです。このプログラムをssp2.pyというファイル名で作成してください。

リスト7-2　再帰を使った全探索で部分和問題を解くプログラム（ssp2.py）

```python
# 数列
seq = []  ——————(1)

# 数を選んだらTrueに、選ばなかったらFalseにする
sel = []  ——————(2)

# 関数が呼び出された回数
counter = 0  ——————(3)

# 数列の先頭からnum個まででvalが作れればTrue、作れなければFalseを返す関数
def ssp_func(num, val):
    # グローバル宣言
    global seq, sel, counter

    # 関数が呼び出されたことを表示する
    print(f"ssp_func({num}, {val})が呼び出されました。")

    # 関数が呼び出された回数をカウントする
    counter += 1

    # numが0の場合（どの要素も使わない場合）
    if num == 0:
        if val == 0:              # valが0なら「できる」と判定する
            return True           # 判定結果としてTrue（できる）を返す
        else:                     # そうでないなら「できない」と判定する
            return False          # 判定結果としてFalse（できない）を返す

    # 末尾のseq[num - 1]を選ばない場合
    # 先頭からnum-1個まででvalができるなら「できる」
    if ssp_func(num - 1, val):    # 再帰呼び出し
        sel[num - 1] = False      # 要素の位置にFalse（選ばない）を設定する
        return True
```

(4)

(5)

(6)

次ページに続く

```python
        # 末尾のseq[num - 1]を選ぶ場合
        # 先頭からnum-1個まででval - seq[num-1]ができるなら「できる」
        elif ssp_func(num - 1, val - seq[num - 1]):  # 再帰呼び出し
            sel[num - 1] = True      # 要素の位置にTrue（選ぶ）を設定する      (7)
            return True              # 判定結果としてTrue（できる）を返す
                                                                              (4)

        # 上記のどれにも該当しないなら「できない」                           (8)
        return False                 # 判定結果としてFalse（できない）を返す

# メインプログラム
if __name__ == '__main__':
    # 数列の要素をキー入力する
    while True:
        s = input("数列の要素-->")
        # 「Enter」キーだけが押された場合は入力終了
        if s == "":
            break                                             (10)
        # 数列に追加する
        seq.append(int(s))

    # 数列の内容を表示する
    print(seq)

    # selの要素をすべてNoneで初期化する
    sel = [None] * len(seq) ──────────── (11)        (9)

    # 目的の数をキー入力する
    val = int(input("目的の数-->")) ───── (12)

    # 判定結果を表示する
    if ssp_func(len(seq), val):
        print("できる")
        print(sel)                            (13)
    else:
        print("できない")

    # 関数が呼び出された回数を表示する         (14)
    print(f"{counter}回")
```

　再帰で呼び出されるのはssp_func関数です。このプログラムには、「ssp_func
関数がどのような引数で呼び出されたのか」と、「結果が得られるまでにssp_func
関数が何回呼び出されたのか」を示す機能があります。これらは、あとで作成す

る改良版のプログラムと比較するために使う機能です。

　（1）のseqは、数列を表すリストです。この数列の要素は、初期状態では空（要素なし）にしています。

　（2）のselは、数列に対応したリストです。こちらも初期状態では空（要素なし）にしています。リスト内の各要素を選んだときはTrueを、選ばなかったときはFalseを設定します。

　（3）の変数counterは、ssp_func関数が呼び出された数をカウントする変数です。

　（4）の「ssp_func(num, val)」が、再帰で呼び出されるssp_func関数です。この関数の処理内容である（5）〜（8）については、あとで詳しく説明します。

　（9）のメインプログラムを見てください。（10）では、任意の数の要素をキー入力し、それをseqに追加しています。このキー入力は、「Enter」キーだけを押した場合は、終了します。

　（11）で、リストselに、seqの要素数分だけNoneを設定しています。

　（12）では、変数valに、キー入力で目的の数を設定しています。

　（13）では、「(len(seq), val)」という引数で、ssp_func関数を呼び出しています。戻り値がTrueの場合は、「できる」という文字とリストselの内容（選んだ数の組み合わせ）を表示します。戻り値がFalseの場合は、「できない」という文字だけ表示します。いずれの場合も、（14）で、関数が呼び出された回数を表示します。

　ssp2.pyの実行結果の例を図7-3に示します。

```
C:¥NikkeiSW>python ssp2.py
数列の要素-->2
数列の要素-->4
数列の要素-->7
数列の要素-->
[2, 4, 7]
目的の数-->9
ssp_func(3, 9)が呼び出されました。
ssp_func(2, 9)が呼び出されました。
ssp_func(1, 9)が呼び出されました。
ssp_func(0, 9)が呼び出されました。
ssp_func(0, 7)が呼び出されました。
ssp_func(1, 5)が呼び出されました。
ssp_func(0, 5)が呼び出されました。
ssp_func(0, 3)が呼び出されました。
ssp_func(2, 2)が呼び出されました。
ssp_func(1, 2)が呼び出されました。
ssp_func(0, 2)が呼び出されました。
ssp_func(0, 0)が呼び出されました。
できる
[True, False, True]
12回
```

図7-3　ssp2.pyの実行結果の例

ここでは、2、4、7を順番にキー入力して、先ほどのリスト7-1と同様に「2、4、7」という数列を作り、その数列から数字を選んで目的の数である「9」を作れるかどうかをチェックしています。正しい結果が得られました。

再帰で呼び出されるssp_func関数

リスト7-2の（4）のssp_func関数の処理内容を説明します。ssp_func関数は、numとvalという引数を設定して呼び出します。この関数が呼び出されると「数列の先頭からnum個までの中から数字を選んで目的の数valを作れるかどうか」を

チェックし、valを作れる場合はTrueを、作れない場合はFalseを返します。例えば、「2、4、7という数列から9が作れるか」をチェックするときは、まず、メインプログラムからssp_func(3, 9)を呼び出します。

この関数の中では、「数列の先頭からnum個までの中から数字を選んで、目的の数valを作れるかどうか」をチェックをするために、同じ関数であるssp_func関数を呼び出しています。再帰で呼び出すときに引数numを1ずつ小さくしていき、numが0になるまで関数の呼び出しを繰り返します。

（5）が、numが0の場合の処理です。ssp_func関数が呼び出されると、numが0の場合は、目的の数valが0ならTrueを返し、0以外ならFalseを返します。どういうことかというと、numが0の場合というのは、「数列の先頭から0個までの数字を選ぶ」ことを意味します。つまり、数列のどの要素も使いません。この場合、valが「0」ならvalを作れるのでTrueを返し、valが「0以外の数」ならvalを作れないのでFalseを返します。なお、numが0でない場合は、次の処理に進みます。

（6）と（7）が、再帰呼び出しの処理です。数列の「末尾の要素」を選ぶ場合と選ばない場合とで、異なる引数を設定してssp_func関数を再帰で呼び出します。

（6）では、num個までの数列の末尾の要素（ここではseq[num - 1]）を選ばない場合の処理を行っています。この場合は、「ssp_func(num-1, val)」を呼び出します。この関数は、「数列の先頭からnum − 1個までの中から数字を選んで、目的の数valを作れるかどうか」をチェックします。if文によって、valを作れるならTrueを、作れないなら次の処理に進みます。例えば、「2、4、7」という数列の末尾の7を選ばない場合は、ssp_func(2, 9)を呼び出し、「2、4」という数列の中から数字を選んで「9」を作れるならばTrueを返すことになります（この例では「9」を作れません）。

（7）では、num個までの数列の末尾の要素（ここではseq[num - 1]）を選ぶ場合の処理を行っています。この場合は、「ssp_func(num - 1, val - seq[num - 1])」を呼び出します。この関数は、「数列の先頭からnum − 1個までの中から数字を選んで、val − seq[num-1]（目的の数−末尾の数）が作れるかどうか」をチェックします。elif文によって、valを作れるならTrueを返し、作れないなら次の処理に進みます。例えば、「2、4、7」という数列の末尾の7を選ぶ場合は、ssp_func(2, 7)を呼び出し、「2、4」という数列の中から数字を選んで「9−7」（つまり2）を

作れるなら、Trueを返します。なぜなら、末尾の7を既に選んでいるので、目的の数9を作るためには、末尾の数7を引いた残りの数（つまり2）が必要だからです。

（8）では、無条件でFalseを返します。なぜなら、末尾の要素を選んだ場合でも選ばなかった場合でも、末尾以外の残りの要素で目的の数を作れないなら、どの数を選んでも目的の数を作れないことが確定するからです。

再帰処理の流れ

再帰の全体の流れを説明しましょう。図7-4を見てください。

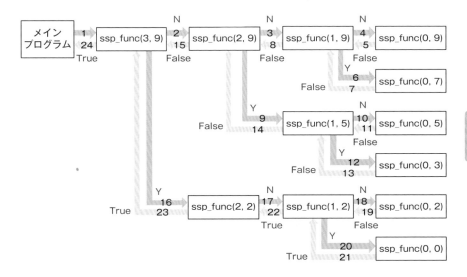

※関数の呼び出しを ➡ で、戻り値を ▭ で示しています。
※末尾の要素を選ばない場合をN、選ぶ場合をYで示しています。

図7-4　関数が呼び出されて戻り値が返される順序（数列[2, 4, 7]、目的の数9のとき）

図7-4は、「2、4、7という数列から9を作れるか？」という問題に対して正しい結果を得られるまでに、どのような順序でメインプログラムから関数を呼び出し、戻り値が返ってくるかを示しています。青色の矢印は関数の呼び出しを表し、末尾の要素を選ばない場合は「N」を、選ぶ場合は「Y」を記載しています。黄色の矢印は関数の戻り値を表し、「True」または「False」はその値です。矢印の中

の1～24の数字は、処理の順序です。

　まず、1番の矢印を見てください。メインプログラムから ssp_func(3, 9) を呼び出しています。これは「数列の先頭から3個まで（つまり2、4、7）の中から数字を選んで9を作れるか」をチェックする関数です。

　次に、2番の矢印を見てください。矢印の上の文字は「N」（末尾の要素を選ばない場合）です。先ほどの ssp_func(3, 9) から ssp_func(2, 9) を呼び出しています。これは「2、4、7の末尾の要素を選ばない場合、数列の先頭から2個まで（つまり2、4）の中から数字を選んで9を作れるか」をチェックする関数です。

　次に、3番の矢印を見てください。矢印の上の文字は「N」です。先ほどの ssp_func(2, 9) から ssp_func(1, 9) を呼び出しています。これは「2、4の末尾の要素を選ばない場合、数列の先頭から1個まで（つまり2）の中から数字を選んで9を作れるか」をチェックする関数です。

　次に、4番の矢印を見てください。矢印の上の文字は「N」です。先ほどの ssp_func(1, 9) から ssp_func(0, 9) を呼び出しています。これは「2の末尾の要素を選ばない場合、数列の先頭から0個までの中から数字を選んで9を作れるか」をチェックする関数です。ここでは、num が0になった（「先頭から num 個」の「num」が0になった）ので戻り値を返します。戻り値は False（できない）です。

　ssp_func(0, 9) を呼び出すまでには、矢印の2番→3番→4番を通っていますが、末尾の数字である「7」→「4」→「2」のすべてにおいて「N」（選ばない）を選択しています。これは、数列「2、4、7」における「N、N、N」（すべて選ばない）という組み合わせのチェックを行っていることを意味しています。

　次に、5番の矢印を見てください。ssp_func(0, 9) の戻り値 False を返すと、呼び出し元の ssp_func(1, 9) では、末尾の要素を選ぶ場合の処理に移ります。

　次に、6番の矢印を見てください。6番の矢印の上の文字は「Y」になっています。ssp_func(1, 9) から ssp_func(0, 7) を呼び出しています。これは、「2の末尾の要素を選ぶ場合、数列の先頭から0個までの中から数字を選んで7を作れるか」をチェックする関数です。num が0になったので戻り値を False で返します。

　ssp_func(0, 7) を呼び出すまでには、矢印の2番→3番→6番を通り、末尾の数字である「7」→「4」→「2」において、「N」→「N」→「Y」を選択しています。これは、数列「2、4、7」における「Y、N、N」（2だけを選ぶ）という組み合わせのチェックを行っていることを意味しています。

同様の手順で図7-4の残りの矢印の順序をたどってみてください。これを見れば、再帰によって、数列の要素を選ぶか選ばないかの組み合わせが順番にチェックされ、最終的にssp_func(3, 9)がTrueを返す仕組みがわかるでしょう。

　なお、リスト7-2のプログラムは、要素数が3個以外の数列においてもチェックできます。例えば、要素数が4個の「1、2、4、7」という数列から「3」を作れるかどうかをチェックした結果を、図7-5に示します。結果は「できる」です。正しい結果が表示されました。

図7-5　再帰を使った全探索のプログラムで要素数4個の数列をチェックする例

■「メモ化再帰」を使って効率化する

　再帰を使うことで、任意の要素数の数列を探索できるようになりました。しかし、先ほどの再帰のプログラムには、無駄があります。その無駄を解消していきましょう。

再帰で無駄が生じる例

　先ほどの再帰を使った全探索のプログラムで、別の数列から目的の数を作れるかをチェックしてみましょう。図7-6は、「2、2、2」という数列から目的の数「7」を作れるかどうかをチェックした結果です。

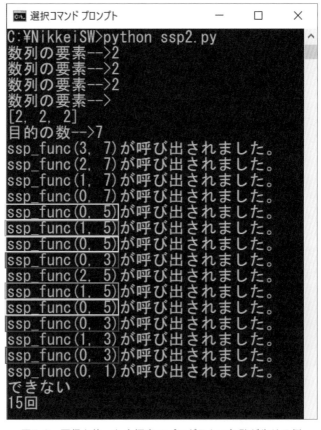

図7-6　再帰を使った全探索のプログラムで無駄が生じる例

正しい結果が表示されていますが、同じ引数でssp_func関数が何度も呼び出されていることがわかります。つまり、プログラムの処理に無駄があります。

図7-6の枠で囲まれた部分を見てください。赤色の枠のssp_func(0, 3)が3回、黄色の枠のssp_func(0, 5)が3回、青色の枠のssp_func(1, 5)が2回、呼び出されています。同じ引数で関数を呼び出すと、当然ですが、同じ戻り値が得られます。したがって、同じ引数で関数を何度も呼び出すことは無駄なのです。

「メモ化再帰」で無駄を解消する

この無駄は、「メモ化再帰」を使うことで解消できます。メモ化再帰とは、関数の引数と戻り値を配列（Pythonではリスト）に記録し、同じ引数で関数が呼び出されたときに、関数を呼び出さずに配列に記録しておいた値を返す、というテクニックです。

リスト7-3は、リスト7-2にメモ化再帰の仕組みを追加したプログラムです。追加した部分は黄色の背景色で示しています。このプログラムをssp3.pyというファイル名で作成してください。

リスト7-3　メモ化再帰を使った全探索で部分和問題を解くプログラム（ssp3.py）

```
# 数列
seq = []

# 数を選んだらTrueに、選ばなかったらFalseにする
sel = []

# 関数が呼び出された回数
counter = 0

# メモ(memo[num][val]にssp_func(num, val)の戻り値をメモする)
memo = [[None] * 100] * 100 ——————————(1)

# 数列の先頭からnum個まででvalが作れればTrue、作れなければFalseを返す関数
def ssp_func(num, val):
    # グローバル宣言
    global seq, sel, counter, memo
```

次ページに続く

```
        # 関数が呼び出されたことを表示する
        print(f"ssp_func({num}, {val})が呼び出されました。")

        # 関数が呼び出された回数をカウントする
        counter += 1

        # numが0の場合（どの要素も使わない場合）
        if num == 0:
            if val == 0:              # valが0なら「できる」と判定する
                return True           # 判定結果としてTrue（できる）を返す
            else:                     # そうでないなら「できない」と判定する
                return False          # 判定結果としてFalse（できない）を返す

        # メモがある場合
        if memo[num][val] is not None: ─────────────────────────(2)
            return memo[num][val]     # 再帰呼び出しをせずにメモの内容を返す ─

        # 末尾のseq[num - 1]を選ばない場合
        # 先頭からnum-1個まででvalができるなら「できる」
        if ssp_func(num - 1, val):    # 再帰呼び出し
            sel[num - 1] = False      # 要素の位置にFalse（選ばない）を設定する
            memo[num][val] = True     # 戻り値をメモする ─
            return True

        # 末尾のseq[num - 1]を選ぶ場合
        # 先頭からnum-1個まででval - seq[num-1]ができるなら「できる」
        elif ssp_func(num - 1, val - seq[num - 1]):  # 再帰呼び出し
            sel[num - 1] = True       # 要素の位置にTrue（選ぶ）を設定する
            memo[num][val] = True     # 戻り値をメモする ──────────(3)
            return True               # 判定結果としてTrue（できる）を返す

        # 上記のどれにも該当しないなら「できない」
        memo[num][val] = False        # 戻り値をメモする ─
        return False                  # 判定結果としてFalse（できない）を返す

# メインプログラム
if __name__ == '__main__':
    # 数列の要素をキー入力する
    while True:
        s = input("数列の要素-->")
        # 「Enter」キーだけが押された場合は入力終了
        if s == "":
            break
```

次ページに続く

```
        # 数列に追加する
        seq.append(int(s))

    # 数列の内容を表示する
    print(seq)

    # selの要素をすべてNoneで初期化する
    sel = [None] * len(seq)
    print(sel)

    # 目的の数をキー入力する
    val = int(input("目的の数-->"))

    # 判定結果を表示する
    if ssp_func(len(seq), val):
        print("できる")
    else:
        print("できない")

    # 関数が呼び出された回数を表示する
    print(f"{counter}回")
```

　(1) では、メモの役割をする配列「memo[num][val]」を作り、初期化してい
ます。「memo[num][val]」には、「ssp_func(num, val)」の戻り値を記録します。
この配列は要素数100×100の2次元配列で、すべての要素をNoneで初期化して
います。要素数の100に意味はありません。要素数を大きめに取っているだけで
す。

　(2) では、メモに記録がある（memo[num][val]がNoneではない）場合に、再
帰呼び出しを行わずに、メモの内容を返しています。これによって、同じ引数で関
数を何度も呼び出すという無駄な処理を省いています。

　メモに記録がない場合は、ssp_func関数を呼び出します。(3) で、その戻り値
をメモに記録しています。

　ssp3.pyの実行結果の例を図7-7に示します。

図7-7　ssp3.pyの実行結果の例（無駄が解消された例）

　先ほどと同様に「2、2、2」という数列から目的の数「7」を作れるかどうかを
チェックしています。正しい結果が得られました。図7-6ではssp_func関数の呼
び出し回数は「15回」でしたが、図7-7では「9回」で済んでいます。

　図7-7をよく見てみましょう。ssp_func(0, 5)は2回呼び出されています。しか
し、1回目の呼び出しでは関数の通常の処理が行われ、2回目の呼び出しではメモ
の記録が返されています。同じようにメモの記録を使うことによって、ssp_func
(0, 3)とssp_func(1, 5)の呼び出しは1回ずつになっています。

■「bit全探索」を使って効率化する

　最後に、再帰とは別の方法で、任意の個数の数列を全探索するプログラムを作

ってみましょう。ビット演算を使うアルゴリズムを解説します。

bit全探索で部分和問題を解く

「bit全探索」というアルゴリズムを使うと、リスト7-1に示したシンプルなプログラムよりも少ないfor文の数で全探索を実現できます。

bit全探索について説明します。このテクニックでは、数列の個々の要素を2進数の桁に対応させます。各要素をそれぞれ選ばない場合はその桁の値を「0」に、選ぶ場合は「1」に対応させます。例えば、要素数3個の数列なら、000～111の2進数ですべての組み合わせを表せます。図7-8に例を示します。

2	4	7	2進数
0	0	0	000
0	0	1	001
0	1	0	010
0	1	1	011
1	0	0	100
1	0	1	101
1	1	0	110
1	1	1	111

※要素を選ばない場合は0で、選ぶ場合は1で示しています。

図7-8　要素数3個の数列の中から任意の数字を選ぶすべての組み合わせを2進数で表す

図7-8では、「2、4、7」という数列の中から任意の数字を選ぶときのすべての組み合わせを、2進数の000～111で示しました。

000～111で表した組み合わせは、for文のループカウンタを000～111に変化させて処理を繰り返すことによって、すべての組み合わせをチェックできます。

bit全探索のプログラム

リスト7-4は、bit全探索で部分和問題を解くプログラムです。このプログラムをssp4.pyというファイル名で作成してください。

リスト7-4　bit全探索で部分和問題を解くプログラム（ssp4.py）

```python
# 数列
seq = []

# 数列の要素をキー入力する
while True:
    s = input("数列の要素-->")
    # 「Enter」キーだけが押された場合は入力終了
    if s == "":
        break
    # 数列に追加する
    seq.append(int(s))

# 数列の内容を表示する
print(seq)

# 数列の要素数を得る
seq_len = len(seq)

# 目的の数をキー入力する
val = int(input("目的の数-->"))

# selの要素をすべてNoneで初期化する
sel = [None] * seq_len

# 判定結果をFalse（できない）にしておく
judge = False ─────────────────(1)

# 要素の数だけ1を並べた2進数+1の値を作る
bit_max = 2 ** seq_len ─────────(2)

# bit全探索を行う
for pat in range(bit_max): ─────(3)
    # ビットが1になっている数を足す
    sum = 0
    mask = 1
    for i in range(seq_len):
        if pat & mask != 0:
            sum += seq[i]
            sel[i] = True        (4)
        else:
            sel[i] = False
        mask <<= 1
```

次ページに続く

```
# 目的の数ができたら判定結果をTrueにして繰り返しを抜ける
if sum == val:
    judge = True        (5)
    break

# 判定結果を表示する
if judge:
    print("できる")
    print(sel)
else:
    print("できない")
```

　先頭から（1）の処理までは、これまでのプログラムと同様です。（1）以降の処理に注目してください。

　（1）では、bit全探索を行う前の処理として、判定結果を表す変数judgeをFalseで初期化しています。

　（2）では、「要素の数の分だけ1を並べた2進数」＋「1」の値を作り、それを変数bit_maxに格納しています。例えば、要素数が3個なら、111＋1＝1000を変数bit_maxに格納します。これは、0〜bit_max未満までの繰り返しを行うことで、000〜111の組み合わせをチェックするためです。

　（3）のfor文では、ループカウンタpatを、0〜bit_max未満まで変化させ、（4）の処理を繰り返します。patは2進数のパターン（pattern）を意味します。

　（4）では、patにおいて、ビットが1になっている位置をAND演算で確認し、その位置に対応する要素を足し合わせ、変数sumに格納します。ここではfor文を使っていますが、for文の数は数列の要素数がいくつであっても全部で2つだけです。前述した通り、リスト1のプログラムよりもfor文の数が少なくなっています。

　（5）で、目的の数を作れたかどうかを判定し、作れた場合は、変数judgeをTrueにして繰り返しを終了します。判定結果を表示する処理は、これまでのプログラムと同様です。

　ssp4.pyの実行結果の例を図7-9に示します。

目的の数を作れる場合

目的の数を作れない場合

図7-9　ssp4.pyの実行結果の例

　目的の数を作れる場合も、目的の数を作れない場合も、正しい結果が得られています。

8

「ビットカウント」を
改良する

本章で解説するアルゴリズム

ビットカウント

本章のポイント

基本のアルゴリズム

「ビットカウント」で2進数の「1」を数える

2進数のデータの中に「1」が何個あるかを数えることを「ビットカウント」といいます。シンプルなビットカウントのアルゴリズムを解説します。

改良テクニック1

より少ない処理回数でビットカウントを行う

シンプルなビットカウントを効率化するにはどうすればよいでしょうか。処理回数を少なくしてビットカウントを行うための改良テクニックを解説します。

改良テクニック2

繰り返し構文を使わずにビットカウントを行う

さらにビットカウントを効率化してみましょう。繰り返し構文を使わずにビットカウントを行う、というテクニックがあります。その手順や仕組みを解説します。

8章 「ビットカウント」を改良する

　本章では、「ビットカウント」のアルゴリズムを紹介します。そして、できるだけ少ない処理回数でビットカウントを行うための改良テクニックを解説します。

■「ビットカウント」で2進数の「1」を数える

　「ビットカウント」（bit count）とは、「データを2進数で表した際に、そこに『1』が何個あるかを数えること」です。例えば、図8-1を見てください。

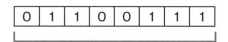

| 0 | 1 | 1 | 0 | 0 | 1 | 1 | 1 |

「1」が5個ある

図8-1　ビットカウントとは、データの中に1が何個あるかを数えること

　ここには8ビットのデータがあります。そして、その中には「1」が5個あります。このように1の個数を数えるのがビットカウントです。8ビットのデータにおいてビットカウントを行うプログラムを作成し、あれこれ改良してみましょう。

AND演算と右シフト演算

　ビットカウントのプログラムを作る前に、ビット演算の「AND演算」と「右シフト演算」を説明します。ビット演算は4章や7章でも使いました。AND演算と右シフト演算は、このあとのプログラムを作るときの大事なポイントなので、本章で演算方法を詳しく解説します。

　「AND演算」とは、2つの2進数のデータにおいて、対応する桁同士で行う演算です。対応する桁同士が両方とも1のときだけ1になり、それ以外の場合の演算結果は0になります。図8-2に例を示します。

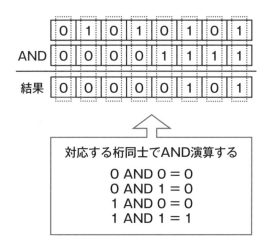

図8-2　AND演算の例

　ここでは、「01010101」と「00001111」というデータをAND演算しています。結果は「00000101」になります。

　「右シフト演算」とは、2進数のデータを、指定したビット数（桁数）だけ右にずらすことです。図8-3に例を示します。

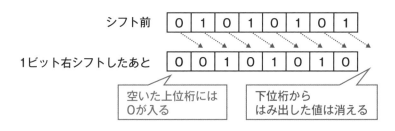

図8-3　右シフト演算の例

　ここでは、「01010101」というデータを、1ビット右シフト演算しています。1ビットだけ右にずらした結果、下位桁（右端の桁）からはみ出した「1」は消えます。また、空いた上位桁（左端の桁）には「0」が入ります。

　Pythonでこれらの例を実行してみましょう。コマンドプロンプト（Windowsの

場合）で「Python」と入力して「Enter」キーを押して、対話モードを起動します。対話モードとは、入力したコードをすぐに実行して対話形式で確認できる機能です。

先ほど図8-2に示したAND演算の例を実行します。プロンプト（＞＞＞）に続けて、次のコードを実行してください[*1]。

```
ans = 0b01010101 & 0b00001111
format(ans, "08b")
```

実行結果は図8-4のようになります。

図8-4　AND演算の例を実行した結果（対話モード）

Pythonでは、ビット演算のAND演算は「&」で表します。データを2進数で表記するときは、「0b01010101」のように、先頭に0b（ゼロ・ビー）を付けます。

1行目では、変数ansに演算結果を代入しています。これをそのまま表示すると10進数の表現になるので、2行目のformat(ans, "08b") で2進数の表現に変換しています。format関数は、変数の値を、指定した書式の文字列にします。「"08b"」（ゼロ・はち・ビー）は、上位桁を0で埋めた8桁の2進数にするための書式です。

続けて、図8-3に示した右シフト演算の例を実行します。次のコードを実行してください。

```
ans = 0b01010101 >> 1
format(ans, "08b")
```

[*1] Pythonには8ビットのデータを表すデータ型がありません。そこで、本章で示すプログラムでは、int型（整数型）のデータの下位8ビットをビットカウントの対象とします。

実行結果は図8-5のようになります。

図8-5　右シフト演算の例を実行した結果（対話モード）

Pythonでは、右シフト演算は「＞＞」で表します。

Pythonの対話モードを終了しましょう。「Ctrl」＋「Z」キーを押すか、プロンプトに「quit()」と入力して「Enter」キーを押してください。

シンプルなビットカウント

それでは、ビットカウントを行うプログラムを作ってみましょう。最初に紹介するのは、特に工夫のないシンプルなプログラムです。

もしも、人間がビットカウントを行うなら、データの最上位桁（左端の桁）から最下位桁（右端の桁）に向かって1桁ずつチェックして、1を見つけるたびにその個数をカウントアップするでしょう。

このアルゴリズムをプログラムにしたものが、リスト8-1です。このプログラムをbitcount1.pyというファイル名で作成してください。

リスト8-1　シンプルなビットカウントのプログラム（bitcount1.py）

```
# チェックするデータをキー入力する
data = int(input("2進数のデータを入力してください-->"), base=2) ————(1)

# 1の個数のカウンタを0に設定する
count = 0 ————————————————(2)

# チェック位置を8ビットの最上位桁に設定する
pos = 0b10000000 ————————————(3)

# 上位桁から順番に1桁ずつチェックすることを繰り返す
while pos != 0b00000000: ————————————————(4) 次ページに続く
```

154

```
    # 1を見つけるたびに1の個数をカウントアップする
    if data & pos != 0b00000000:
        count += 1                                    (4)
    # チェック位置を下位に1桁進める
    pos >>= 1

# 1の個数を表示する
print(count) ───────────────(5)
```

bitcount1.pyの実行結果の例を図8-6に示します。

図8-6　bitcount1.pyの実行結果の例

　このプログラムでは、ビットカウントの対象となるデータを2進数でキー入力します。キー入力するときは、先頭に0bを付けません。「01100111」という2進数のデータを入力すると、「5」という結果が表示されました。「01100111」の中にある1の個数は5個なので、これは正しい結果です。

　リスト8-1の内容を説明しましょう。(1) では、input関数でキー入力したデータ（数字列）を2進数として解釈し、それをint関数で整数値に変換して、変数dataに格納しています。変数dataが、チェック対象のデータ（8ビットのデータ）です。
　(2) の変数countは、初期値を0にして、1を見つけるたびにカウントアップします。
　(3) の変数posは、現在チェックしている桁の位置を示すために用意した8ビットのデータです。チェックする桁の位置を「1」にすることで、チェック位置を示します。変数posには初期値として0b10000000という2進数を代入しています。2進数「10000000」の1の位置が現在のチェック位置を示しているわけです。これを1ビットずつ右シフトすることを繰り返して、チェックを最上位桁から最下位

桁に進めていきます。

（4）では、posが0b00000000でない限り、1を見つけたら変数countをカウントアップする処理と、チェック位置を下位に1桁進める処理を、繰り返しています。最下位桁をチェックするときの変数posの値は、0b00000001になります。このチェックを終えてから変数posを右シフトすると0b00000000になり、「while pos != 0b00000000:」による繰り返しが終了します。

（5）では、1の個数をカウントした変数countの値をprint関数で表示しています。

現在のチェック位置で1が見つかったことを、「data & pos != 0b00000000」という条件で判断できる仕組みを説明しましょう。図8-7を見てください。

（1）変数posが「10000000」のときは変数dataの最上位桁のチェックを行う

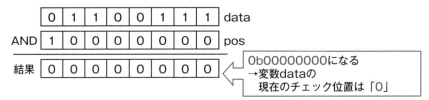

（2）変数posが「01000000」のときは変数dataの上位から2桁目のチェックを行う

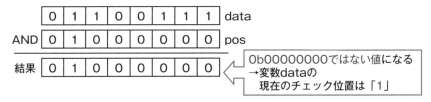

図8-7　現在のチェック位置が1であることを判断する方法

例えば、図8-7の（1）に示したように、変数posが0b10000000のときに変数dataとAND演算を行うことで、最上位桁が1であるかをチェックします。ここでは「data & pos」の演算結果は0b00000000になります。これは最上位桁をチェックした結果、1が見つからなかったということです。

次に、図8-7の（2）では、変数posが0b01000000のときに変数dataとAND演算を行うことで、上位から2桁目が1であるかどうかをチェックしています。こ

こでは「data & pos」の演算結果は0b01000000（0b00000000ではない値）になります。これは、上位から2桁目をチェックした結果、1が見つかったということです。

このようにビット演算のAND演算を行うことによって、1を見つけているのです。

■ より少ない処理回数でビットカウントを行う

紹介したシンプルなプログラムでは、どのような内容のデータであっても、8桁のそれぞれをチェックするので、常に8回の繰り返しが行われてしまいます。そこで、より少ない処理回数でビットカウントを行うプログラムを紹介しましょう。

1を消した回数をカウントする

ここでは、C言語のバイブルとも呼ばれる「プログラミング言語C」（B.W.KernighanとD.M.Ritchieの共著）の中で紹介されている有名なアルゴリズムを使います。

このアルゴリズムでは、「データ」と「データから1を引いた値」でAND演算を行います。そうすることによって、1を1カ所だけ消す（1を0にする）ことができます。次はその結果で得られた「データ」と「そのデータから1を引いた値」でAND演算を行います。これをデータが0b00000000になるまで繰り返して1を消した回数をカウントすれば、それがデータの中にあった1の個数です。このアルゴリズムなら、8桁をチェックする場合に常に8回ではなく、1の個数分を繰り返すだけで済みます。例えば、0b01100111というデータなら5回の繰り返しで済むのです。

このアルゴリズムの例を図8-8に示します。

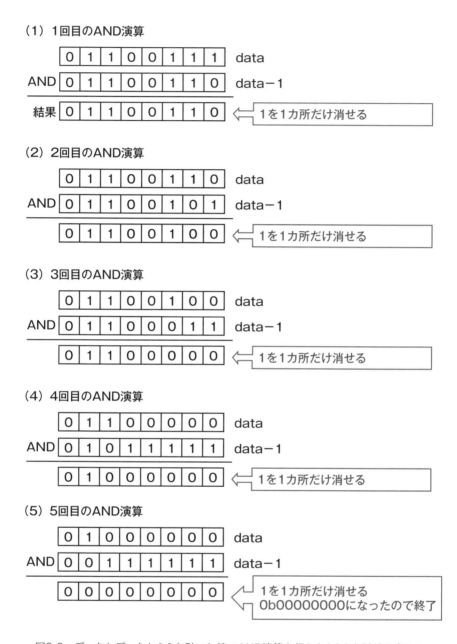

（1）1回目のAND演算

	0	1	1	0	0	1	1	1	data
AND	0	1	1	0	0	1	1	0	data−1
結果	0	1	1	0	0	1	1	0	⟸ 1を1カ所だけ消せる

（2）2回目のAND演算

	0	1	1	0	0	1	1	0	data
AND	0	1	1	0	0	1	0	1	data−1
	0	1	1	0	0	1	0	0	⟸ 1を1カ所だけ消せる

（3）3回目のAND演算

	0	1	1	0	0	1	0	0	data
AND	0	1	1	0	0	0	1	1	data−1
	0	1	1	0	0	0	0	0	⟸ 1を1カ所だけ消せる

（4）4回目のAND演算

	0	1	1	0	0	0	0	0	data
AND	0	1	0	1	1	1	1	1	data−1
	0	1	0	0	0	0	0	0	⟸ 1を1カ所だけ消せる

（5）5回目のAND演算

	0	1	0	0	0	0	0	0	data
AND	0	0	1	1	1	1	1	1	data−1
	0	0	0	0	0	0	0	0	⟸ 1を1カ所だけ消せる 0b00000000になったので終了

図8-8　データとデータから1を引いた値でAND演算を行うと1を1カ所だけ消せる

図8-8の（1）では、data（データ）は0b01100111です。data − 1（データから1を引いた値）は、0b01100110になります。両者でAND演算を行うと1が1カ所だけ消えて0b01100110になります。

（2）では、（1）の結果で得られた0b01100110を、dataとします。よって、data − 1は0b01100101になります。両者でAND演算を行うと、1が1カ所だけ消えて0b01100100になります。

（3）〜（5）も同様に処理を繰り返していくと、（5）において、1を5回消した時点でデータが0b00000000になるので、ここで処理を終了します。

改良後のビットカウントのプログラム

このアルゴリズムをプログラムにしたものが、リスト8-2です。このプログラムをbitcount2.pyというファイル名で作成してください。

リスト8-2　1を消した回数をカウントするビットカウントのプログラム（bitcount2.py）

```python
# チェックするデータをキー入力する
data = int(input("2進数のデータを入力してください-->"), base=2)

# 1の個数のカウンタを0に設定する
count = 0

# 1を消すことを繰り返す
while data != 0b00000000: ─────────────(1)
    # データとデータから1を引いた値でAND演算を行う
    data &= data - 1 ─────────────(2)
    # 1の個数をカウントアップする
    count += 1 ─────────────(3)

# 1の個数を表示する
print(count)
```

bitcount2.pyの実行結果の例を図8-9に示します。

図8-9　bitcount2.pyの実行結果の例

　「01100111」という2進数のデータを入力すると、「5」という結果が表示され
ました。「01100111」の中にある1の個数は5個なので、これは正しい結果です。

　リスト8-2のポイントとなる部分を説明しましょう。変数dataと変数countの
役割は、先ほどのリスト8-1と同じです。

　（1）では、繰り返しの条件を「data != 0b00000000」にしています。すべて
の1を消すと変数dataの値が0b00000000になるので、その時点で繰り返しを終
了します。

　（2）では、「変数data」と「変数dataから1を引いた値」でAND演算を行い、
変数dataの中にある1を1カ所だけ消しています。

　（3）では、無条件で変数countの値をカウントアップしています。必ず1を1カ
所だけ消しているので、無条件でカウントアップするのです。

■ 繰り返し構文を使わずにビットカウントを行う

　最後に、やや奇抜なビットカウントのプログラムを紹介しましょう。繰り返し構
文を使わずにビットカウントを行うアルゴリズムです。

データの中にある1をすべて足す

　アルゴリズムを説明する前に、リスト8-3にプログラムを示します。このプログ
ラムは、bitcount3.pyというファイル名で作成します。

```
# チェックするデータをキー入力する
data = int(input("2進数のデータを入力してください-->"), base=2)

# データの中にある1の個数をすべて足す
data = ((data >> 1) & 0b01010101) + (data & 0b01010101) ─(2)
data = ((data >> 2) & 0b00110011) + (data & 0b00110011) ─(3)  (1)
data = (data >> 4) + (data & 0b00001111) ───────────(4)

# 1の個数を表示する ──────────(5)
print(data)
```

リスト8-3を見て、どのようなアルゴリズムでビットカウントを行っているかを考えてみてください。ヒントは、(1) のコメントに示した「データの中にある1の個数をすべて足す」です。

bitcount3.pyの実行結果の例を図8-10に示します。

```
コマンド プロンプト                    －   □   ×
C:\NikkeiSW>python bitcount3.py
2進数のデータを入力してください-->01100111
5
```

図8-10　bitcount3.pyの実行結果の例

「01100111」という2進数のデータを入力すると、「5」という結果が表示されました。「01100111」の中にある1の個数は5個なので、これは正しい結果です。

リスト8-3のポイントとなる部分を説明しましょう。筆者は、このアルゴリズムを、Java APIのIntegerクラスの「bitCount(int i)」のソースコードを見て知りました。実際のソースコードは32ビットのデータ用でしたが、ここではそれを8ビットのデータ用に書き換えています。

注目してほしいのは、前述したように、このプログラムで繰り返しの構文を一切使っていないことです。変数dataにチェックするデータをキー入力するところま

では、これまでのプログラムと同様ですが、その後の処理が全く異なります。

（1）では、AND演算、右シフト演算、加算を何度か行って、その結果を変数dataに代入しています。（5）では、変数dataの値（つまり、1の個数）を表示しています。いったい、どのようなアルゴリズムなのでしょう？

繰り返し構文を使わずに済むコツ

答えを説明していきましょう。

先ほどヒントを示した通り、このアルゴリズムは、8ビットのデータの中にある数値を1ビットずつすべて足しています。例えば「01100111」なら、0＋1＋1＋0＋0＋1＋1＋1という2進数の足し算を行うと、結果は「00000101」になります。これは10進数の5なので、1の個数は5個と求められます。ただし、単に1ビットずつ足すことを繰り返すのではありません。

図8-11に、このアルゴリズムの手順を示します。

（A）隣り合った1ビット同士を足し、2ビット×4組で表す

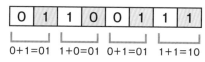

（B）隣り合った2ビット同士を足し、4ビット×2組で表す

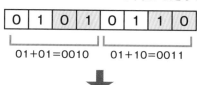

図8-11　8ビットのデータの中にある数値を1ビットずつすべて足す手順（1/2）

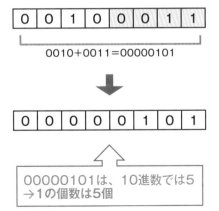

（C）隣り合った4ビット同士を足し、8ビットで表す

0010+0011=00000101

00000101は、10進数では5
→1の個数は5個

図8-11 8ビットのデータの中にある数値を1ビットずつすべて足す手順（2/2）

　（A）では、まず、隣り合った1ビット同士を足し、その結果を4組の2ビットの2進数で表します。

　（B）では、隣り合った2ビット同士を足し、その結果を2組の4ビットの2進数で表します。

　（C）では、隣り合った4ビット同士を足し、その結果を8ビットの2進数で表します。結果は00000101（10進数の5）です。

　このようにすることで、1ビットずつ足すことを繰り返すよりも効率的に1の個数を求められるのです。

　図8-11のアルゴリズムは、リスト8-3の（1）のコードによって実現しています。(2) ～ (4) の内容は、前述の（A）～（C）に対応しています。

　リスト8-3の（2）では、隣り合った1ビット同士を足した結果を変数dataに代入しています。この処理の説明を図8-12に示します。

隣り合った1ビット同士を足すには…

（a）data と data >> 1 を用意する

（b）data と data >> 1 をそれぞれ「01010101」とAND演算する

※「01010101」とAND演算することで □ 以外のビットは0になる

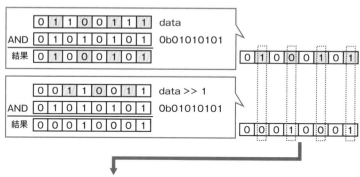

（c）data & 0b01010101 と（data >> 1）& 0b01010101 を足す

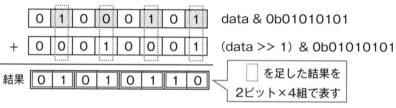

図8-12　リスト8-3の（2）の処理の例

ここでは、8ビットのdataは、隣り合った1ビット同士を1組として、2ビットのデータが4組並んでいるものと考えます。

　(a) のように、「data」と「data ＞＞ 1」(dataを1ビット右シフト演算したデータ) を用意します。この2つのデータの、2ビットの右側の桁同士だけを足せば、dataの隣り合った1ビット同士を4組同時に足すのと同じことができます。

　(b) では、2ビットの右側同士だけを残すために、「data」と「data ＞＞ 1」を、それぞれ「01010101」とAND演算しています。「01010101」は、4組並んだ2ビットのデータの右側の桁だけが「1」になっているデータです。このAND演算を行うことで、4組の2ビットの右側の桁以外は0になります。

　(c) では、「data」と「01010101」をAND演算した結果である「data & 0b01010101」と、「data ＞＞ 1」と「01010101」をAND演算した結果である「(data ＞＞ 1) & 0b01010101」を足しています。これで2ビットの右側の桁同士だけを足すことができます。その結果は「01010110」です。このデータを変数dataに代入し、リスト8-3の (2) の処理は完了です。

　同様に、リスト8-3の (3) では、隣り合った2ビット同士を足した結果を変数dataに代入しています。この処理の説明を図8-13に示します。

隣り合った2ビット同士を足すには…

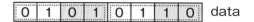

(a) data と data >> 2 を用意する

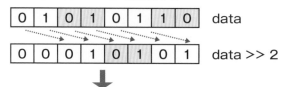

(b) data と data >> 2 を、それぞれ「00110011」とAND演算する

※図を一部省略しています。図8-12の（b)と同様にAND演算を行った結果が上の図です。

(c) data & 0b00110011 と（data >> 2）& 0b00110011 を足す

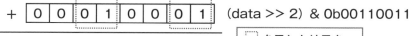

図8-13　リスト8-3の（3）の処理の例

　ここでは8ビットのdataは、隣り合った2ビット同士を1組として、4ビットのデータが2組並んでいるものと考えます。

　(a) のように、「data」と「data >> 2」(dataを2ビット右シフト演算したデータ) を用意します。

　(b) で、4ビットの右側2桁同士だけを残すために、「data」と「data >> 2」をそれぞれ「00110011」とAND演算します。「00110011」は、2組並んだ4ビットのデータの右側2桁だけが「1」になっているデータです。このAND演算を行うことで、2組の4ビットの右側2桁以外は0になります。

　(c) で両者を足します。足した結果は「00100011」になります。このデータを

変数dataに代入し、リスト8-3の（3）の処理は完了です。

リスト8-3の（4）では、隣り合った4ビット同士を足した結果を変数dataに代入しています。処理の説明は図8-14に示します。

隣り合った4ビット同士を足すには…

（a）data と data >> 4 を用意する

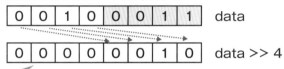

空いた上位桁は0000なので、このあとのAND演算は不要

（b）dataのみを「00001111」とAND演算する

| 0 | 0 | 0 | 0 | 0 | 0 | 1 | 1 | data & 0b00001111 |

| 0 | 0 | 0 | 0 | 0 | 0 | 1 | 0 | data >> 4 |

00001111との
AND演算は不要

※図を一部省略しています。図8-12の（b）と同様にAND演算を行った結果が上の図です。

（c）data & 0b00001111 と data >> 4 を足す

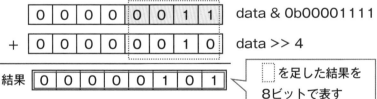

結果を
8ビットで表す

図8-14　リスト8-3の（4）の処理の例

これまでと異なる点は、(b)で「data >> 4」と「00001111」とのAND演算を行っていないことです。これは、「data >> 4」の右側4桁以外は、(a)で4ビット右シフト演算をしたときに必ず「0000」になるからです。右シフト演算する

と、空いた上位桁には「0」が入るのでしたね。よって、「00001111」とのAND
演算は不要になります。(c) で足し合わせた結果を変数dataに代入し、リスト8-3
の（4）の処理は完了です。

　ここまでの手順によって、8ビットのデータの中にある数値を1ビットずつすべ
て足すことができました。

　このようなビット演算を行うことで、繰り返し構文を使わずにビットカウントを
行うプログラムが作れます。

「分岐処理をなくす」
改良をする

本章のポイント

基本のアルゴリズム

分岐処理で「じゃんけんゲーム」を作る

「分岐処理をなくす」改良のポイントを解説するために、「じゃんけんゲーム」
の勝敗を判定するプログラムを作ります。

改良テクニック1

分岐処理を少なくする

じゃんけんゲームのプログラムにおいて、勝敗を判定する分岐処理は9通り
です。これを3通りにするテクニックを解説します。

. . . .

改良テクニック2

分岐処理をなくす

じゃんけんゲームのプログラムをさらに効率化するために、分岐処理をなく
すテクニックを解説します。

. . . .

改良テクニック3

「FizzBuzz」に応用する

分岐処理をなくすテクニックは、じゃんけんゲーム以外にも応用できます。
ここでは、「FizzBuzz」というゲームに応用してプログラムを作ります。

9章 「分岐処理をなくす」改良をする

　本章のテーマは「分岐処理をなくす」改良です。まず、「じゃんけんゲーム」を例にして分岐処理を少なくしたり、なくしたりするテクニックを解説します。そのあとで、そのテクニックを「FizzBuzz」というゲームに応用します。

■分岐処理で「じゃんけんゲーム」を作る

　ユーザーとコンピュータが1対1で対戦する「じゃんけんゲーム」のアルゴリズムを考えて、プログラムを作ってみましょう。

シンプルなじゃんけんゲーム

　これから作るじゃんけんゲームのプログラムでは、「グー」「チョキ」「パー」のそれぞれの手を、数値の「0」「1」「2」に置き換えて表すこととします。ユーザー側は、0、1、2のいずれかの数値をキー入力することによって、手を選びます。コンピュータ側は、乱数によって手が決まります。プログラムが勝敗を判定し、結果として「ユーザーの勝ち」「ユーザーの負け」「あいこ」のいずれかを画面に表示します。

　リスト9-1にじゃんけんゲームのプログラムを示します。このプログラムをjanken1.pyというファイル名で作成してください。

　リスト9-1　9つの分岐処理で勝敗を判定するじゃんけんゲーム（janken1.py）

```
# 乱数の機能を提供するモジュールをインポートする
import random

# 手を表す定数を定義する
GU = 0
CHOKI = 1        (1)
PA = 2
```

次ページに続く

```python
# ユーザーはキー入力で手を選ぶ
user = int(input("ユーザーの手-->"))                    ———(2)

# コンピュータは乱数で手を選ぶ
computer = random.randint(GU, PA)                      ———(3)
print(f"コンピュータの手-->{computer}")

# 勝敗を判定する
if user == GU and computer == GU:
    result = "あいこ"
elif user == GU and computer == CHOKI:
    result = "ユーザーの勝ち"
elif user == GU and computer == PA:
    result = "ユーザーの負け"
elif user == CHOKI and computer == GU:
    result = "ユーザーの負け"
elif user == CHOKI and computer == CHOKI:
    result = "あいこ"
elif user == CHOKI and computer == PA:                 (4)
    result = "ユーザーの勝ち"
elif user == PA and computer == GU:
    result = "ユーザーの勝ち"
elif user == PA and computer == CHOKI:
    result = "ユーザーの負け"
elif user == PA and computer == PA:
    result = "あいこ"

# 勝敗の判定結果を表示する
print(result)
```

（1）では、0、1、2という数値を、それぞれGU、CHOKI、PAという定数にしています。

（2）で、キー入力した数値（ユーザーの手）を変数userに設定しています。

（3）で、0〜2の乱数（コンピュータの手）を変数computerに設定しています。Pythonのrandomモジュールのrandint関数は、引数で指定した範囲で整数の乱数を返す関数です。ここでは、random.randint(GU, PA)で、GU（＝0）以上でPA（＝2）以下の乱数（0、1、2のいずれか）を返しています。

（4）で、勝敗を判定しています。ユーザーとコンピュータの手の組み合わせは3

通り×3通り＝9通りなので、if文を使った9つの分岐処理で、勝敗を判定します。

janken1.pyの実行結果の例を図9-1に示します。

図9-1　janken1.pyの実行結果の例

■ 分岐処理を少なくする

先ほどのじゃんけんゲームのプログラムは正しく動作しますが、勝敗を判定する分岐処理がゴチャゴチャしています。この分岐処理を少なくする改良を加えて、プログラムをスッキリさせましょう。スッキリしたプログラムは読みやすいので、バグが生じる可能性が減り、保守性が向上します。

判定結果に着目する

前述したように、ユーザーとコンピュータの手の組み合わせは9通りです。ですが、勝敗の判定結果は「ユーザーの勝ち」「ユーザーの負け」「あいこ」の3通りです。この「3通りの判定結果」に着目した分岐処理にすれば、プログラムがスッキリするはずです。

リスト9-1を改良したプログラムをリスト9-2に示します。このプログラムをjanken2.pyというファイル名で作成してください。

リスト9-2　3つの分岐処理で勝敗を判定するじゃんけんゲーム（janken2.py）

```
# 乱数の機能を提供するモジュールをインポートする
import random

# 手を表す定数を定義する
```

次ページに続く

```
GU = 0
CHOKI = 1
PA = 2

# ユーザーはキー入力で手を選ぶ
user = int(input("ユーザーの手-->"))

# コンピュータは乱数で手を選ぶ
computer = random.randint(GU, PA)
print(f"コンピュータの手-->{computer}")

# 勝敗を判定する
if user == computer:
    result = "あいこ"
elif user == GU and computer == CHOKI or ¥
    user == CHOKI and computer == PA or ¥        (1)
    user == PA and computer == GU:
    result = "ユーザーの勝ち"
else:
    result = "ユーザーの負け"

# 勝敗の判定結果を表示する
print(result)
```

（1）では、以下の3つの分岐処理で勝敗を判定しています。

(A) もし、「ユーザーとコンピュータが同じ手」なら、判定結果は「あいこ」

(B) 上記の（A）ではなく、「ユーザーがグーかつコンピュータがチョキ」または「ユーザーがチョキかつコンピュータがパー」または「ユーザーがパーかつコンピュータがグー」なら、判定結果は「ユーザーの勝ち」

(C) 上記の（A）でも（B）でもないなら、判定結果は「ユーザーの負け」

　プログラムが長くなる部分は、途中で改行しています。Pythonでは、行の末尾に半角スペースと¥を置くことで、プログラムを途中で改行できます。

　janken2.pyの実行結果は、図9-1と同様です。

■ 分岐処理をなくす

　さらに改良を加えてみましょう。プログラムをゴチャゴチャさせる原因となる「分岐処理をなくす」という改良です。分岐処理がなければ、とっても読みやすいプログラムになるはずです。プログラムのホワイトボックステスト（分岐処理のすべての流れを網羅するテスト）のテストケースが少なくできる、というメリットもあります。

　「じゃんけんの勝敗の判定と表示を、分岐処理なしでできるの？」と疑問に思われるかもしれません。実は、2つのテクニックで工夫することで、それができるのです。

テクニック1：数値の法則性を見いだす

　1つ目のテクニックは、「数値の法則性を見いだす」ことです。

　ここでは、「グー」「チョキ」「パー」の手を、「0」「1」「2」で表しています。図9-2に、ユーザーとコンピュータがそれぞれ選んだ手に対する勝敗の判定結果を示します。

computer user	0（グー）	1（チョキ）	2（パー）
0（グー）	あいこ	ユーザーの勝ち	ユーザーの負け
1（チョキ）	ユーザーの負け	あいこ	ユーザーの勝ち
2（パー）	ユーザーの勝ち	ユーザーの負け	あいこ

図9-2　ユーザーとコンピュータが選んだ手に対する勝敗の判定結果

　縦軸のuserの数値がユーザーの手を、横軸のcomputerの数値がコンピュータの手を表しています。図9-2を見て、勝敗を判定するための数値の法則性を見いだしてください。

　「数値の法則性を見いだす」というのは、「勝敗を判定する数値を求める計算式を、userとcomputerを使って表す」ということです。と言っても、どうしたらいいか、よくわかりませんね。それなら、とりあえずuserとcomputerの数値同士で実際に計算をしてみましょう。いろいろな計算で何度か試行錯誤すれば、法

則性を見いだせそうです。まずは自分で考えてみてください。

　……考えつきましたか？　それでは、解答を教えましょう。まず、ユーザーと
コンピュータの手が同じ場合、つまり判定結果が「あいこ」になる場合に着目し
ます。ユーザーとコンピュータの手が同じなら、userからcomputerを引くと、計
算結果は必ず「0」になります。計算式で表すと以下のようになります。

user − computer

　このuser−computerという計算をすべての手の組み合わせで行ってみましょう。
図9-3に計算結果を示します。

computer user	0 （グー）	1 （チョキ）	2 （パー）
0 （グー）	0 あいこ	−1 ユーザーの勝ち	−2 ユーザーの負け
1 （チョキ）	1 ユーザーの負け	0 あいこ	−1 ユーザーの勝ち
2 （パー）	2 ユーザーの勝ち	1 ユーザーの負け	0 あいこ

図9-3 「user−computer」という計算を行った結果

　図9-3では、user − computerの計算結果が、

　0なら「あいこ」
　1または−2なら「ユーザーの負け」
　2または−1なら「ユーザーの勝ち」

となっています。

　これは、かなりイイ線まで行ってます。数値の法則性を見いだすまであと一歩で
す。「1または−2」と「2または−1」を、それぞれ1つの数値にまとめられるよ
うな計算式を考えましょう。

　では、先ほどのuser − computerに、「3を加えて、3で割った余りを求める」と
いう計算を加えてみましょう。計算式で表すと以下のようになります。

(user − computer ＋ 3) ％ 3

「％」は、Pythonでは割り算の余りを求める演算子です。

この(user − computer ＋ 3) ％ 3という計算をすべての手の組み合わせで行った結果を図9-4に示します。

user＼computer	0 （グー）	1 （チョキ）	2 （パー）
0 （グー）	0 あいこ	2 ユーザーの勝ち	1 ユーザーの負け
1 （チョキ）	1 ユーザーの負け	0 あいこ	2 ユーザーの勝ち
2 （パー）	2 ユーザーの勝ち	1 ユーザーの負け	0 あいこ

図9-4 「(user − computer ＋ 3) ％ 3」という計算を行った結果

図9-4では、図9-3の「1または−2」（ユーザーの負け）は「1」になり、「2または−1」（ユーザーの勝ち）は「2」になりました。「あいこ」は0のまま変わりません。

これによって、(user − computer ＋ 3) ％ 3の計算結果が、

0なら「あいこ」
1なら「ユーザーの負け」
2なら「ユーザーの勝ち」

となります。これで、じゃんけんゲームの勝敗の判定結果を表す数値を、計算式で得られるようになりました。このように、数値の法則性を見いだして計算式で表すことによって、勝敗の判定を1回の処理で行えます。

じゃんけんの勝敗の判定を分岐処理なしで行うための1つ目のテクニックの解説は以上です。

テクニック2：判定結果の数値と文字列を対応付ける

2つ目のテクニックは、「"判定結果の数値"と、"判定結果の文字列を格納した配列の要素番号"を対応付ける」ことです。これによって、画面に判定結果を表示する処理をシンプルに表せます。

具体例で説明しましょう。分岐処理をなくしたじゃんけんゲームのプログラムをリスト9-3に示します。このプログラムをjanken3.pyというファイル名で作成し

てください。

リスト9-3　分岐処理をなくした、じゃんけんゲーム（janken3.py）

```python
# 乱数の機能を提供するモジュールをインポートする
import random

# 手を表す定数を定義する
GU = 0
CHOKI = 1
PA = 2

# 勝敗の判定結果を格納した配列を用意しておく
result = ["あいこ", "ユーザーの負け", "ユーザーの勝ち"] ————(1)

# ユーザーはキー入力で手を選ぶ
user = int(input("ユーザーの手-->"))

# コンピュータは乱数で手を選ぶ
computer = random.randint(GU, PA)
print(f"コンピュータの手-->{computer}")

# 勝敗を判定する
idx = (user - computer + 3) % 3 ————(2)

# 勝敗の判定結果を表示する
print(result[idx]) ————(3)
```

　（1）では、resultという名前の要素数3個の配列（Pythonではリスト）を用意
し、判定結果の文字列を格納しています。リストresultの要素番号0番目には「"
あいこ"」、1番目には「"ユーザーの負け"」、2番目には「"ユーザーの勝ち"」とい
う文字列を格納します。

　ここで、リストresultの要素番号（0、1、2）と、先ほどの(user − computer
＋3) % 3という計算によって得られる判定結果の数値（0、1、2）を同じ値にす
ることで、対応付けているのです。

　（2）で、計算によって勝敗を判定し、判定結果の数値（0なら「あいこ」、1な
ら「ユーザーの負け」、2なら「ユーザーの勝ち」）を変数idxに格納しています。

　（3）で、変数idxの数値（0、1、2）によって異なる判定結果の文字列を表示
しています。変数idxが0のときはリストresultの0番目の「"あいこ"」を、変数

idxが1のときはリストresultの「"ユーザーの負け"」を、変数idxが2のときは
リストresultの2番目の「"ユーザーの勝ち"」を表示します。

　改良を加える前のリスト9-1と比べて、驚くほどスッキリしたと感じるでしょう。

　janken3.pyの実行結果は、これまでと同様です。

■「FizzBuzz」に応用する

　ここまでのじゃんけんゲームの改良のポイントを、別のゲームに応用してみまし
ょう。ここでは、「FizzBuzz」（フィズ・バズ）というゲームを取り上げます。

シンプルなFizzBuzz

　FizzBuzzは、2人以上で遊ぶゲームです。1人ずつ、1から順番に数を言ってい
き、3の倍数のときは数ではなく「Fizz」と言い、5の倍数のときは数ではなく「Bu
zz」と言い、3かつ5の倍数のときは「FizzBuzz」と言います。言い間違えたり、
言うまでに時間がかかり過ぎたりしたら、負けです。

　ここでは、このFizzBuzzで遊ぶのではなく、1～100のFizzBuzzの正解を表示
するプログラムを作ってみましょう。

　リスト9-4に、FizzBuzzのプログラムを示します。このプログラムをfizzbuzz1.
pyというファイル名で作成してください。

リスト9-4　4つの分岐処理で1～100のFizzBuzzの正解を表示するプログラム
（fizzbuzz1.py）

```
for num in range(1, 101):                              (1)
    if num % 3 == 0 and num % 5 == 0:
        result = "FizzBuzz"
    elif num % 3 == 0:
        result = "Fizz"                                (2)
    elif num % 5 == 0:
        result = "Buzz"
    else:                                     (3)
        result = str(num)
    print(result)
```

(1) の「for num in range(1, 101)」という for 文で、変数 num に 1 〜 100 の数値を設定しています。

　(2) では、if 文を使って 4 つの分岐処理を行い、1 〜 100 の数値に対する FizzBuzz の正解を表示しています。4 つの分岐処理は、以下のようになります。

(A)　もし、num が 3 の倍数かつ 5 の倍数なら、FizzBuzz
(B)　上記の（A）ではなく、num が 3 の倍数なら、Fizz
(C)　上記の（A）でも（B）でもなく、num が 5 の倍数なら、Buzz
(D)　上記の（A）でも（B）でも（C）でもないなら、num の値

　3 や 5 の倍数かどうかは、3 や 5 で割り切れるかどうかでチェックしています。
　(3) の str(num) では、数値の num を文字列に変換しています。

　fizzbuzz1.py の実行結果を図 9-5 に示します。

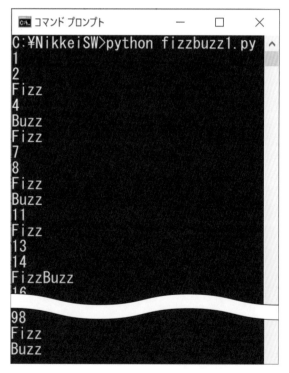

図9-5　fizzbuzz1.py の実行結果

1〜100のFizzBuzzの正解が表示されました。

分岐処理を少なくする改良

このFizzBuzzのプログラムに改良を加えて、4つある分岐処理を少なくしてみましょう。

実際にFizzBuzzで遊ぶときには、まず3の倍数だと判定したら「Fizz」と言い、次に5の倍数であると判定したら「Buzz」と言い、最後にどちらでもないと判定したら数字を言いますよね。この順番でプログラムにすれば、3つの分岐処理で済みます。リスト9-4の（2）にあった、「3の倍数かつ5の倍数であるかどうか」の処理は必要ありません。なぜなら、3の倍数かつ5の倍数のときは「Fizz」と言ったあとに続けて「Buzz」と言うことになり、自動的に「FizzBuzz」になるからです。

リスト9-4を改良したプログラムをリスト9-5に示します。このプログラムをfizzbuzz2.pyというファイル名で作成してください。

リスト9-5　3つの分岐処理で1〜100のFizzBuzzの正解を表示するプログラム
（fizzbuzz2.py）

```
for num in range(1, 101):
    result = ""                        ──────────(1)
    if num % 3 == 0:                    ──────────(2)
        result += "Fizz"               ──────────
    if num % 5 == 0:                    ──────────(3)
        result += "Buzz"               ──────────
    if result == "":                   ──────────(4)
        result += str(num)             ──────────
    print(result)
```

（1）では、結果を格納する変数resultに空の文字列を格納しています。

（2）〜（4）では、if〜elif〜elseという構文ではなく、ifだけを使って分岐処理を行っています。

（2）では、numが3の倍数なら、resultに「Fizz」という文字列を連結しています。Pythonでは、「+」の演算子で文字列を連結できます。

（3）では、numが5の倍数なら、resultに「Buzz」という文字列を連結してい

ます。

　（2）と（3）の処理は、いずれか一方だけが実行される場合もあれば、両方が実行される場合もあります。これは、if～elifという構文ではなく、ifだけを使って分岐処理を行っているからです。このようにすることで、変数resultの内容を、「Fizz」だけ、「Buzz」だけ、および「FizzBuzz」の3通りに設定できるのです。

　（4）では、変数resultが空の文字列のままなら、つまり「Fizz」でも「Buzz」でもないなら、変数resultにnumを連結しています。この場合は、変数resultには数字だけが格納されます。

　fizzbuzz2.pyの実行結果は、図9-5と同様です。

分岐処理をなくす改良

　FizzBuzzのプログラムにさらに改良を加えて、分岐処理をなくしてみましょう。じゃんけんゲームから分岐処理をなくしたときと同様に、何度か試行錯誤して「数値の法則性を見いだす」ことと、「"判定結果の数値"と、"判定結果の文字列を格納した配列の要素番号"を対応付ける」ことがポイントです。

　図9-6に、1～15のFizzBuzzの正解を示します。

num	判定
1	数字
2	数字
3	Fizz
4	数字
5	Buzz
6	Fizz
7	数字
8	数字
9	Fizz
10	Buzz
11	数字
12	Fizz
13	数字
14	数字
15	FizzBuzz

図9-6　1〜15のFizzBuzzの正解

　これを見て、「Fizz」「Buzz」「FizzBuzz」「数字」を判定するための数値の法則性を見いだしてください。実際に計算し、計算式で表すための試行錯誤をしてみましょう。

では、解説します。まず、numを3で割った余りと、numを5で割った余りを図9-7に示します。

1、2、0が繰り返される

num	判定	num % 3	num % 5
1	数字	1	1
2	数字	2	2
3	Fizz	0	3
4	数字	1	4
5	Buzz	2	0
6	Fizz	0	1
7	数字	1	2
8	数字	2	3
9	Fizz	0	4
10	Buzz	1	0
11	数字	2	1
12	Fizz	0	2
13	数字	1	3
14	数字	2	4
15	FizzBuzz	0	0

1、2、3、4、0
が繰り返される

図9-7 「numを3で割った余り」と「numを5で割った余り」

numを3で割った余り（num % 3）では「1、2、0」が繰り返され、numを5で割った余り（num % 5）では「1、2、3、4、0」が繰り返されているという法則があります。

次に、これらの「1、2、0」と「1、2、3、4、0」の数値を、それぞれ「2」と「4」で割った商を求めてみます。

その結果が図9-8です。

num	判定	num % 3 // 2	num % 5 // 4
1	数字	0	0
2	数字	1	0
3	Fizz	0	0
4	数字	0	1
5	Buzz	1	0
6	Fizz	0	0
7	数字	0	0
8	数字	1	0
9	Fizz	0	1
10	Buzz	0	0
11	数字	1	0
12	Fizz	0	0
13	数字	0	0
14	数字	1	1
15	FizzBuzz	0	0

Fizzの1つ前だけが1になる

Buzzの1つ前だけが1になる

図9-8 「numを3で割った余りを2で割った商」と「numを5で割った余りを4で割った商」

「1、2、0」は、「2」で割った商を求めると「0、1、0」になります。この計算は、num % 3 // 2という計算式で表せます。計算結果（0、1、0）には、「Fizz」の1つ前だけが「1」になっているという法則があります。

ちなみに、Pythonでは「//」演算子で商（割り算の小数点以下をカットした値）が求められます。

一方で、「1、2、3、4、0」は、「4」で割った商を求めると「0、0、0、1、0」になります。この計算は、num % 5 // 4という計算式で表せます。計算結果（0、0、0、1、0）には、「Buzz」の1つ前だけが「1」になっているという法則があります。

図9-8は、かなりイイ線まで行ってます。数値の法則性を見いだすまであと一歩です。

ここまでをまとめます。num % 3 // 2の計算結果は、numを「Fizz」と判定する1つ前の数値だけが「1」になり、そのほかはすべて「0」になります。また、num % 5 // 4の計算結果は、numを「Buzz」と判定する1つ前の数値だけが「1」になり、そのほかはすべて「0」になります。どちらも1つ前なのですから、numから1を引いて計算すればよいのです。

したがって、「Fizz」と判定する数値だけが「1」となる計算式は、以下のようになります。

(num − 1) % 3 // 2

また、「Buzz」と判定する数値だけが「1」となる計算式は、以下のようになります。

(num − 1) % 5 // 4

これらの計算結果を図9-9に示します。

Fizzのときだけ1になる

Buzzのときだけ1になる

num	判定	(num − 1) % 3 // 2	(num − 1) % 5 // 4
1	数字	0	0
2	数字	0	0
3	Fizz	1	0
4	数字	0	0
5	Buzz	0	1
6	Fizz	1	0
7	数字	0	0
8	数字	0	0
9	Fizz	1	0
10	Buzz	0	1
11	数字	0	0
12	Fizz	1	0
13	数字	0	0
14	数字	0	0
15	FizzBuzz	1	1

図9-9 「(num−1)を3で割った余りを2で割った商」と「(num−1)を
5で割った余りを4で割った商」

これで、数値の法則性を見いだし、「Fizz」および「Buzz」と判定する数値を求める計算式を表すことができました。

　これらの計算式を使って、FizzBuzzの判定結果の数値と、判定結果の文字列を格納した配列（リスト）の要素番号を対応付けましょう。これによって、じゃんけんゲームと同様に分岐処理をなくせます。

　分岐処理をなくしたプログラムをリスト9-6に示します。このプログラムをfizzbuzz3.pyというファイル名で作成してください。

リスト9-6　分岐処理をなくした、FizzBuzzの正解を表示するプログラム
(fizzbuzz3.py)

```
result = ["", "Fizz", "Buzz", "FizzBuzz"] ─────────────(1)
fmt = ["{0:d}", "", "", ""] ──────────────────────────(2)
for num in range(1, 101):
    idx = (num - 1) % 3 // 2 + (num - 1) % 5 // 4 * 2 ──(3)
    print(result[idx] + fmt[idx].format(num)) ─────────(4)
```

　(1) では、要素数4個の配列であるリストresultを用意し、判定結果の文字列を格納しています。リストresultの要素番号0番目には「""」（空の文字列）、1番目には「"Fizz"」、2番目には「"Buzz"」、3番目には「"FizzBuzz"」という文字列を格納します。このリストresultの要素番号と、FizzBuzzの判定結果の数値を同じ値にすることで、対応付けます。対応付けるための変数idxは、このあとの(3)で設定します。

　(2) では、要素数4個の配列であるリストfmtを用意しています。このリストfmtは、(4) で詳しく説明しますが、整数を文字列として画面に表示するために使います。

　(3) で、(1) のリストresultの要素番号（0、1、2、3）に対応する変数idxを求めています。その計算式は以下の通りです。

idx = (num － 1) % 3 // 2 + (num － 1) % 5 // 4 * 2

　この計算式では、Fizzのときだけ1になる「(num － 1) % 3 // 2」と、Buzzのときだけ1になる「(num － 1) % 5 // 4」に2を掛けた「(num － 1) % 5 // 4 * 2」を足しています。

判定結果が「Fizz」なら、(num － 1) % 3 // 2の結果が1に、(num － 1) % 5 // 4 * 2の結果が0になるので、idxは「1」（＝1＋0）になります。

　判定結果が「Buzz」なら、(num － 1) % 3 // 2の結果が0に、(num － 1) % 5 // 4 * 2の結果が2になるので、idxは「2」（＝0＋2）になります。

　判定結果が「FizzBuzz」なら、(num － 1) % 3 // 2の結果が1に、(num － 1) % 5 // 4 * 2の結果が2になるので、idxは「3」（＝1＋2）になります。

　判定結果が上記のどれでもないなら、idxは「0」になります。

　これらのidxの値（0、1、2、3）は、リストresultの要素番号0、1、2、3の要素に対応しています。idxが0～3のとき、result[idx]は以下のようになります。

result[0]は「""」

result[1]は「Fizz」

result[2]は「Buzz」

result[3]は「FizzBuzz」

　このresult[idx]は、（4）の結果表示で使います。

　（4）では、FizzBuzzの判定結果として、「Fizz」「Buzz」「FizzBuzz」「数字」のいずれかの文字列を画面に表示しています。

　数字の表示にはformat関数を使っています。format関数は、「指定した書式に従って値を文字列に変換する関数」です。書式の指定には「書式指定文字列」を使います。format関数の構文は以下の通りです。

書式指定文字列.format(値)

　（4）のfmt[idx].format(num)では、（2）のリストfmtの要素を書式指定文字列として使っています。リストfmtの0番目には「"{0:d}"」が、1番目、2番目、3番目には空の文字列「""」が、格納されています。

　「"{0:d}"」は、Pythonでは整数の値を文字列に変換する書式指定文字列です。一方で、""（ダブルクォーテーション2つのみを記述した空の文字列）を書式指定文字列に指定すると、値を空の文字列に変換します。

　よって、idx＝0～3のとき、fmt[idx].format(num)は以下のようになります。

fmt[0].format(num)は「numを文字列に変換した数字」

fmt[1].format(num)は""

fmt[2].format(num)は""

fmt[3].format(num)は""

　このfmt[idx].format(num)と先ほどのresult[idx]の文字列を結合するのが、(4)の「result[idx] + fmt[idx].format(num)」です。これが、最終的に画面に表示されるFizzBuzzの判定結果になります。

　idx＝0〜3のときの「result[0] + fmt[0].format(num)」の結果は、以下のようになります。

・idx＝0のとき、""と「numを文字列に変換した数字」を結合するので、判定結果はnumを文字列にした「数字」が表示されます。

・idx＝1のとき、"Fizz"と""を結合するので、判定結果は「Fizz」が表示されます。

・idx＝2のとき、"Buzz"と""を結合するので、判定結果は「Buzz」が表示されます。

・idx＝3のとき、"FizzBuzz"と""を結合するので、判定結果は「FizzBuzz」が表示されます。

　fizzbuzz3.pyの実行結果は、これまでと同様です。

　分岐処理なしでFizzBuzzを作れたことに、大いに感動していただけたなら幸いです。

10

「複数のアルゴリズムを組み合わせる」改良をする

本章で解説するアルゴリズム

挿入ソート
シェルソート
クイックソート

本章のポイント

基本のアルゴリズム

「挿入ソート」で要素を整列させる

配列内の隣同士の要素を先頭から順番に比較・交換し、適切な位置へ挿入していく「挿入ソート」というアルゴリズムを解説します。

改良テクニック1

「シェルソート」を使って効率化する

挿入ソートを改良した「シェルソート」というアルゴリズムを解説します。挿入ソートでは隣同士の要素を比較・交換していますが、シェルソートでは要素同士の間隔をあけて比較・交換することで効率化します。

改良テクニック2

「クイックソート」を使って効率化する

高速なソートアルゴリズムとして知られる「クイックソート」を解説します。クイックソートは、基準値で配列を二分割することを繰り返すことで効率的な処理を実現します。

改良テクニック3

「挿入ソート」と「クイックソート」を組み合わせる

配列の要素数が多いときはクイックソートが高速ですが、要素数が少ないときは挿入ソートが高速になります。そこで、挿入ソートとクイックソートを組み合わせたアルゴリズムに改良します。

「複数のアルゴリズムを組み合わせる」改良をする

本章のテーマは、「複数のアルゴリズムを組み合わせる」改良です。

まず、シンプルなソートアルゴリズムである「挿入ソート」（insertion sort）のプログラムを作ります。次に、挿入ソートを改良した「シェルソート」（shell sort）のプログラムを作ります。さらに、高速なソートアルゴリズムである「クイックソート」（quick sort）のプログラムを作ります。

それぞれのプログラムで配列内の要素をソートすると、要素数が多いときはクイックソートを使う方が、要素数が少ないときはシェルソートや挿入ソートを使う方が処理が速くなることがわかります。

最後に、クイックソートと挿入ソートを組み合わせたプログラムを作り、要素数が多いときも少ないときも効率的に処理できることを確認します。

■「挿入ソート」で要素を整列させる

それでは、「挿入ソート」から始めましょう。挿入ソートは、「配列の "先頭から2つ目の要素" から "末尾の要素" までを、適切な位置に挿入する」というアルゴリズムです。このアルゴリズムの手順を解説します。

挿入ソートの手順

図10-1に、要素数5個の配列を挿入ソートで昇順にソートする手順の例を示します。ここでは、「5、3、4、2、1」という順番で並んでいる配列内の要素を、昇順にソートします。

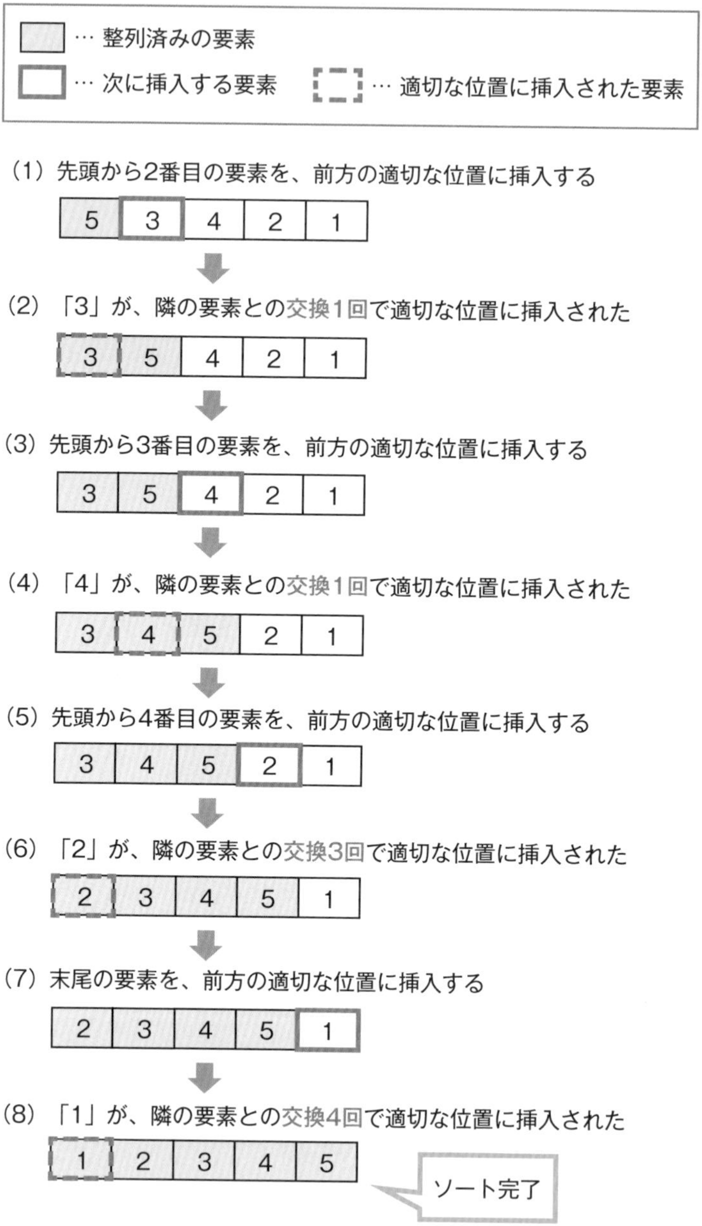

図10-1　要素数5個の配列を挿入ソートで昇順にソートする例

（1）では、先頭の「5」を「整列済み」とします。先頭から2番目の「3」が挿入する要素です。挿入する要素の「3」を、整列済みの要素（ここでは5のみ）の適切な昇順の位置に挿入します。適切な挿入位置まで移動させるには、挿入する要素から前方に向かって、隣り合わせになっている要素と比較します。比較の結果、挿入する要素の方が小さければ隣の要素の位置と交換します。これを繰り返すことで、適切な昇順の位置まで要素の移動を進めます。

　ここでは、挿入する要素の「3」と、1つ前の要素の「5」を比較し、「3」の方が小さいので、位置を交換します。位置を1回交換すると「3」が適切な位置に挿入されるので、比較と交換の繰り返しは終わりです。

　（2）は、「3」が適切な位置に挿入された状態です。ここでは、「3、5」が整列済みの要素になります。

　（3）では、先頭から3番目の「4」が挿入する要素です。先ほどと同様に、挿入する要素の「4」を、整列済みの要素（ここでは3、5）の適切な昇順の位置に挿入します。ここでは「3、4、5」と並ぶのが適切なので、隣の要素との交換回数は1回です。

　（4）は、「4」が適切な位置に挿入された状態です。「3、4、5」が整列済みの要素になります。

　（5）では、先頭から4番目の「2」が挿入する要素です。同様に、挿入する要素の「2」を、整列済みの要素（3、4、5）の適切な昇順の位置に挿入します。ここでは「2、3、4、5」と並ぶのが適切なので、隣の要素との交換回数は3回です。

　（6）は、「2」が適切な位置に挿入された状態です。「2、3、4、5」が整列済みの要素になります。

　（7）で末尾の要素の「1」に対して同様の処理を繰り返して、（8）でソートが完了しました。

挿入ソートのプログラム

　リスト10-1に、挿入ソートの動作を確認するプログラムを示します。このプログラムをsort_test.pyというファイル名で作成してください。

リスト10-1　挿入ソートの動作を確認するプログラム（sort_test.py）

```python
import random
import time
import copy
import sys


# a[idx1]とa[idx2]を交換する関数の定義
def swap(a, idx1, idx2):                                    ┐
    temp = a[idx1]
    a[idx1] = a[idx2]                                            (1)
    a[idx2] = temp                                          ┘


# 配列の内容が昇順にソートされていることをチェックする関数の定義
def is_asc_sorted(a):                                       ┐
    # 配列の要素数をnに得る
    n = len(a)
    # 隣同士の要素を比較することを繰り返す
    i = 1
    while i < n:
        # 昇順になっていない部分があればFalseを返す                (2)
        if (a[i - 1] > a[i]):
            return False
        i += 1
    # すべての部分が昇順になっていればTrueを返す
    return True                                             ┘


# 昇順で挿入ソートを行う関数の定義
def insertion_sort(a, left, right):                         ┐
    # 挿入する要素の添字iの初期値を左端+1にする
    i = left + 1
    # 右端の要素まで挿入を繰り返す
    while i <= right:
        # 挿入する要素の現在位置をjに設定する
        j = i
        # 1つ前の要素 ＞ 挿入する要素、であれば、両者を交換することを繰り返す
        while j > 0 and a[j - 1] > a[j]:
            # 1つ前の要素と挿入する要素を交換する                   (3)
            temp = a[j - 1]
            a[j - 1] = a[j]
            a[j] = temp
            # 挿入する要素の現在位置を1つ前に進める
            j -= 1
        # 挿入する要素の添字iを次の要素に設定する
```

次ページに続く

```
        i += 1 ─────────────────────────────────(3)─┘

# メインプログラム
# 再帰呼び出しの上限回数を1万回に設定する（デフォルトは1000回）─┐
sys.setrecursionlimit(10000) ─────────────────────(5)

# 値を重複させずに1～1000の範囲で要素数1000個の乱数を生成する
rand_data = random.sample(range(1, 1001), k=1000) ──────(6)
                                                              (4)
# 挿入ソートをテストする
a = copy.copy(rand_data)          # 乱数の配列のコピーを生成する ───(7)
left = 0                          # 配列の先頭の添字を左端に設定する ─(8)
right = len(a) - 1               # 配列の末尾の添字を右端に設定する ─(9)
time1 = time.perf_counter()      # 処理前の時間を得る ──────────(10)
insertion_sort(a, left, right)   # ソートを行う ──────────────(11)
time2 = time.perf_counter()      # 処理後の時間を得る ──────────(12)
# テスト結果を表示する
print("***** 挿入ソート *****") ────────────────────(13)
print(f"ソート結果 = {is_asc_sorted(a)}")     # 昇順にソートされている
                                              # ことを確認する
print(f"ソート時間 = {time2 - time1}秒")      # ソートの処理時間を求める
print()
```

　リスト10-1は、（1）～（3）の関数と、（4）のメインプログラムで構成されています。

　（1）のswap関数は、配列のa[idx1]とa[idx2]の値を交換する関数です。

　（2）のis_asc_sorted関数は、配列の内容が昇順でソートされていることチェックする関数です。この関数は、引数で指定された配列aのすべての要素をチェックして、昇順になっていない部分があればFalseを返し、すべてが昇順になっていればTrueを返します。ascは、ascending（昇順）という意味です。

　（1）と（2）の関数は、あとで説明するほかのソートアルゴリズムのプログラムでも共通して使います（使っていないプログラムもあります）。

　（3）のinsertion_sort関数は、配列のa[left]～a[right]の範囲にある要素を、昇順で挿入ソートする関数です。この関数では、"挿入する要素"が"1つ前の要素"より小さいなら、両者を交換します。この処理を、「挿入する要素が先頭に達していない」かつ「"挿入する要素"が"1つ前の要素"より小さい」場合に限り、繰り返します。これによって、要素が適切な位置に挿入されます。

（4）のメインプログラムでは、挿入ソートを使って、要素数1000個のランダムな配列を、昇順にソートしています。そして、昇順にソートされていることをチェックしたあとで、処理時間を求めています。

（5）のsys.setrecursionlimit(10000)では、再帰呼び出しの上限回数を1万回に設定しています[*1]。再起呼び出しとは、「ある関数の処理の中で、その関数自身を呼び出すことで繰り返し処理を実現する」ことです。ただし、ここで作成している挿入ソートのプログラムでは使いません。このあとで作成するクイックソートのプログラムで再帰呼び出しを使うので、あらかじめ設定しておきます。

（6）では、要素数1000個の配列を作成しています。「rand_data = random.sample(range(1, 1001),k=1000)」で、値を重複させずに1〜1000の範囲で要素数1000個の乱数を生成させて、配列rand_dataに格納しています。

（7）以降では、挿入ソートを行うinsertion_sort関数をテストします。

（7）の「a = copy.copy(rand_data)」で、配列rand_dataの内容を配列aにコピーしています。なぜ、コピーした配列を使うのかというと、あとで作成するほかのソートプログラムでも同じ内容の配列を使い、処理時間を比較するためです。

（8）と（9）では、（11）で呼び出しているinsertion_sort関数の、引数であるleftとrightの値を設定しています。ここでは、配列a全体をソートするので、（8）でleftに0（配列の先頭の添字）を、（9）で変数rightにlen(a) － 1（配列の末尾の添字）を設定しています。

（11）のinsertion_sort(a, left, right)では、昇順で挿入ソートをする関数を呼び出しています。

insertion_sort関数を呼び出す前後にある、（10）と（12）のtime.perf_counter()は、時間を測定するために用意されているパフォーマンス・カウンタの値を返します。perfは、performanceという意味です。

（10）で、insertion_sort関数を呼び出す直前に、time.perf_counter()の戻り値を変数time1に格納しています。

（12）で、insertion_sort関数を呼び出した直後に、time.perf_counter()の戻り値をtime2に格納しています。

[*1] 再帰呼び出しの上限回数は、プログラムの実行時のスタックサイズによっても制限を受けます。ここでは、上限を1万回に設定しましたが、実際の上限は3000回程度になります。したがって、配列の要素数や配列の内容によっては、再帰呼び出しの回数が上限を超え、プログラムがエラー終了する場合があります。

処理時間（秒単位）を求めるには、time2 − time1 という計算を行います。

（13）以降では、insertion_sort関数のテスト結果として、is_asc_sorted(a)の戻り値（昇順にソートされていればTrue）と、処理時間を表示します。

sort_test.pyの実行結果の例を図10-2に示します。

図10-2　sort_test.pyの実行結果の例

　昇順にソートされたことがわかります。処理時間は約50.826ミリ秒でした。なお、処理時間は、プログラムの実行環境や実行タイミングによって異なります。

■「シェルソート」を使って効率化する

　次は、挿入ソートを改良した「シェルソート」を解説します。挿入ソートは、ほとんど要素が整列されている配列をソートする場合は高速に処理できます。なぜなら、要素の移動（隣同士の要素を比較・交換して適切な位置まで進めること）が多くないからです。しかし、あまり要素が整列されていない配列をソートする場合は、要素の移動が多いので高速ではありません。なぜ高速ではないのでしょうか。

　その理由は、挿入ソートでは、隣同士の要素の比較と交換において、要素を1つずつ進めているからです。比較と交換をする要素の間隔を隣同士ではなく、もっとあければ、一気にその間隔の分だけ要素を移動させられるので、効率的になるはずです。そこで、隣同士ではなく、ある程度の間隔をあけた要素に対して挿入ソートを行おうというのが、シェルソートです。

シェルソートの手順

　シェルソートでは、要素同士の間隔hを徐々に狭めて、h＝1になるまで挿入ソ

ートを繰り返します。h＝1になったときには隣同士の要素の比較と交換を行うので、通常の挿入ソートになります。h＝1になった時点で配列はほとんど整列された状態になっているので、そこから通常の挿入ソートになっても高速に処理できます。ちなみに、シェルとは、考案者（Donald L. Shell）の名前です。

図10-3と図10-4に、図10-1に示したものと同じ配列をシェルソートする例を示します。ここでは、間隔hを途中から3→1と狭めています。

図10-3の（1）～（4）では、間隔h＝3で挿入ソートを行っています。

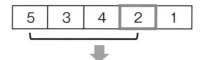

`h=3`

（1）先頭の要素と、先頭から4番目の要素を比較する

| 5 | 3 | 4 | 2 | 1 |

（2）「2」が、交換1回で適切な位置に挿入された

| 2 | 3 | 4 | 5 | 1 |

（3）先頭から2番目の要素と、末尾の要素を比較する

| 2 | 3 | 4 | 5 | 1 |

（4）「1」が、交換1回で適切な位置に挿入された

| 2 | 1 | 4 | 5 | 3 |

h=3で末尾の要素まで終わったので、
h=1で挿入ソートを行う（図10-4へ続く）

図10-3 要素数5個の配列をシェルソートで昇順にソートする例（h＝3）

（1）では、先頭の要素（＝5）と、そこから間隔が要素3つ分離れた4番目の要素（＝2）を比較します。

　（2）では、「2」の方が小さいので、2つの要素の位置を交換しています。交換回数1回で、「2」が適切な位置に挿入されました。

　（3）では、先頭から2番目の要素（＝3）と、そこから間隔が要素3つ分離れた末尾の要素（＝1）を比較します。

　（4）では、「1」の方が小さいので、2つの要素の位置を交換しています。交換回数1回で、「1」が適切な位置に挿入されました。

　末尾の要素まで比較と交換が終わったので、間隔h＝3の挿入ソートはここで終わりです。

　次は、間隔h＝1で挿入ソートを行います。図10-4の（5）〜（12）に例を示します。これは、図10-1と同じ手順です。

h=1 （シンプルな挿入ソート）

(5) 先頭から2番目の要素を、前方の適切な位置に挿入する

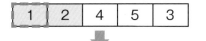

(6) 「1」が、交換1回で適切な位置に挿入された

| 1 | 2 | 4 | 5 | 3 |

(7) 先頭から3番目の要素を、前方の適切な位置に挿入する

| 1 | 2 | 4 | 5 | 3 |

(8) 「4」が、交換0回で適切な位置に挿入された

(9) 先頭から4番目の要素を、前方の適切な位置に挿入する

| 1 | 2 | 4 | 5 | 3 |

(10) 「5」が、交換0回で適切な位置に挿入された

| 1 | 2 | 4 | 5 | 3 |

(11) 末尾の要素を、前方の適切な位置に挿入する

(12) 「3」が、交換2回で適切な位置に挿入された

ソート完了

図10-4　要素数5個の配列をシェルソートで昇順にソートする例（h=1）

図10-3の（1）から図10-4の（12）までの要素の交換回数をカウントすると、全部で1＋1＋1＋0＋0＋2＝5回です。同じ配列を、図10-1のシンプルな挿入ソートでソートしたときは、1＋1＋3＋4＝9回でした。このように、挿入ソートよりシェルソートの交換回数が少なくて済むのは、h＝3のときに、1回の交換で一気に要素3個分の移動ができるからです。

シェルソートでは、間隔hをどのように狭めていくかがポイントとなりますが、現状では、最適な方法は見つかっていません。よい結果が得られる方法として、初期値を1としたときに値を3倍して1を足した以下の値を間隔hとすることが知られています。

1、4、13、40、121、…、間隔hの最大値

さらに、間隔hの最大値は、「要素数 // 9」を超えないことがポイントです。「//」は、Pythonで除算の商を得る演算子です。これを逆順にして、間隔hの最大値から1まで、間隔hを狭めていくのです。例えば、要素数1000個の場合は、1000 // 9 = 111です。先ほどの「1、4、13、40、121、……、間隔hの最大値」の値の中で、111を超えないのは「40」です。ですので、間隔hの最大値を40にして、hを40→13→4→1と狭めていきます。

シェルソートのプログラム

リスト10-2とリスト10-3は、シェルソートの動作を確認するプログラムです。これらのプログラムを後述するようにsort_test.py（リスト10-1）に追加し、sort_test2.pyというファイル名にしてください。

リスト10-2は、昇順でシェルソートを行うshell_sort関数の定義です。このプログラムを、リスト10-1の（4）のメインプログラムの前に追加してください。

リスト10-2　昇順でシェルソートを行う関数の定義（sort_test2.pyの一部）

```
# 昇順でシェルソートを行う関数の定義
def shell_sort(a, left, right):
    # 間隔hの初期値を決める
    max = (right - left + 1) // 9
    h = 1
    while h <= max:
        h = h * 3 + 1
```

（1）

次ページに続く

```
# 間隔hを初期値から1まで徐々に狭めながら挿入ソートを繰り返す
while h >= 1:
    # 以下は挿入ソートと同様
    i = h
    while i <= right:
        j = i
        while j > h - 1 and a[j - h] > a[j]:
            temp = a[j - h]
            a[j - h] = a[j]                                    (2)
            a[j] = temp
            j -= h
        i += 1
    # 間隔hを狭める
    h = (h - 1) // 3
```

　このshell_sort関数の引数は、insertion_sort関数と同じです。

　(1) では、「配列の要素数 // 9」の値を超えない範囲で「h = h * 3 + 1」という計算を繰り返し、間隔hの初期値を得ています。

　(2) では、「h = (h − 1) // 3」という計算で、間隔hが1になるまで狭めながら、挿入ソートを繰り返しています。この挿入ソートの内容は、通常の挿入ソート（シェルソートでない挿入ソート）と同様です。ただし、間隔がhなので、最初に挿入する要素の添字iにhを設定しています。このiをjに代入し、「j > h − 1 and a[j − h] > a[j]」という条件がTrueである限り、a[j − h]とa[j]の値を交換することを、jの値を1ずつ増やしながら繰り返します。

　リスト10-3は、リスト10-2の関数を呼び出し、シェルソートをテストするプログラムです。このプログラムをリスト10-1の（4）のメインプログラムの後ろに追加してください。

リスト10-3　シェルソートの動作を確認するプログラム（sort_test2.pyの一部）

```
# シェルソートをテストする
a = copy.copy(rand_data)           # 乱数の配列のコピーを生成する
left = 0                           # 配列の先頭の添字を左端に設定する
right = len(a) - 1                 # 配列の末尾の添字を右端に設定する
time1 = time.perf_counter()        # 処理前の時間を得る
```

次ページに続く

```
shell_sort(a, left, right)          # ソートを行う
time2 = time.perf_counter()         # 処理後の時間を得る
# テスト結果を表示する
print("***** シェルソート *****")
print(f"ソート結果 = {is_asc_sorted(a)}")      # 昇順にソートされている
                                                # ことを確認する
print(f"ソート時間 = {time2 - time1}秒")        # ソートの処理時間を求める
print()
```

　リスト10-3の内容は、挿入ソートをテストするプログラムのinsertion_sort(a, left, right)をshell_sort(a, left, right)に変えただけです。

　sort_test2.pyの実行結果の例を図10-5に示します。

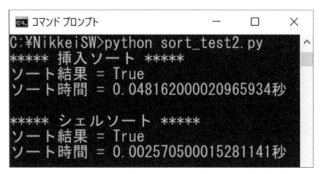

図10-5　sort_test2.pyの実行結果の例

　挿入ソートもシェルソートも、どちらも昇順にソートされたことがわかります。処理時間は挿入ソートが48.162ミリ秒で、シェルソートが2.570ミリ秒でした。挿入ソートよりシェルソートの方が圧倒的に速いことがわかりました。

■「クイックソート」を使って効率化する

　高速なアルゴリズムとして知られている「クイックソート」を解説します。クイックソートとは、「配列の要素の中から基準値を決め、基準値との大小関係で配列を二分割することで要素の比較・交換を繰り返す」というアルゴリズムです。
　クイックソートは、要素数1000個の配列のソートにおいて、シェルソートより

も、速いのでしょうか。プログラムを作って確認してみましょう。

クイックソートの手順

図10-6に、要素数7個の配列をクイックソートで昇順にソートする手順を示します。

(1) ソート対象の配列の中央の要素を基準値にする

(2) 基準値の「4」より小さい要素が前に、
大きい要素が後ろになるように要素の位置を交換する

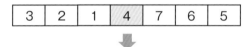

(3) 前側の配列で基準値の「2」より小さい要素が前に、
大きい要素が後ろになるように要素を交換する

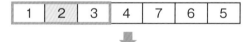

(4) 後ろ側の配列で基準値の「6」より小さい要素が前に、
大きい要素が後ろになるように要素を交換する

図10-6　要素数7個の配列をクイックソートで昇順にソートする例

まず、配列の中央の要素を基準値とします[*1]。

[*1] なお、配列の先頭、中央、末尾の要素の中で、中央値となる要素を基準値とするという方法もあります。

次に、基準値より大きい値と小さい値で配列を二分割します。配列を二分割するといっても、2つの別々の配列に分けるのではありません。ソート対象の1つの配列において、基準値より小さい要素を基準値の前側に移動させ、基準値より大きい要素を基準値の後ろ側に移動させるということです。要素を交換することで移動させます。

　配列を二分割したら、基準値よりも前側と後ろ側それぞれの配列において、同じ処理を繰り返します。二分割したあとに基準値の両隣の要素数がそれぞれ1つになった配列は、要素の位置が確定します。

クイックソートのプログラム

　リスト10-4とリスト10-5は、クイックソートの動作を確認するプログラムです、これらのプログラムを後述するようにsort_test2.pyに追加し、sort_test3.pyというファイル名にしてください。

　リスト10-4は、「配列を要素の大小で二分割して基準値の添字を返す関数」および「昇順でクイックソートを行う関数」の定義です。このプログラムを、リスト10-2の下（メインプログラムの前）に追加してください。

リスト10-4　昇順でクイックソートを行う関数の定義（sort_test3.pyの一部）

```
# 配列を要素の大小で二分割して基準値の添字を返す関数の定義
def split_array(a, left, right):
    # 基準値（配列の中央の値）を配列の左端に配置する
    mid = (left + right) // 2
    swap(a, left, mid)

    # 基準値より小さい要素を前側に、大きい要素を後ろ側に配置する
    pivot_val = a[left]          # 基準値の値をpivot_valに得る
    i = left + 1                 # 前方からチェックする位置をiとする
    j = right                    # 後方からチェックする位置をjとする
    while (True):
        # チェックした要素が基準値より小さい限りiを後ろに進める
        while (i <= right and a[i] < pivot_val):
            i += 1
        # チェックした要素が基準値より大きい限りjを前に進める
        while (j >= left and a[j] > pivot_val):
            j -= 1
        # iとjが逆転または同じ要素を指していれば、要素の配置は完了である
```

次ページに続く

```
        if (i >= j):
            break
        # 前側にある大きい要素と後ろ側にある小さい要素を交換する
        swap(a, i, j)
        # チェック位置を次に進める
        i += 1
        j -= 1

    # 配列の左端にある基準値を適切な位置に入れる
    swap(a, left, j)

    # 基準値の添字を返す
    return j

# 昇順でクイックソートを行う関数の定義
def quick_sort(a, left, right):
    # 配列の要素数が1個より大きければ以下を再帰呼び出しで繰り返す
    if (left < right):
        # 配列を要素の大小で二分割する
        pivot = split_array(a, left, right)

        # 分割した前側の配列に同じ処理を行う
        quick_sort(a, left, pivot - 1)

        # 分割した後ろ側の配列に同じ処理を行う
        quick_sort(a, pivot + 1, right)
```

(1)

(2)

　（1）のsplit_array関数は、基準値との大小関係で配列の要素を二分割します。
（2）のquick_sort関数は、split_array関数を使ってクイックソートを行います。
これらの引数は、insertion_sort関数およびshell_sort関数と同じです。

　（1）のsplit_array関数では、配列の中央の要素を基準値として、それを配列の
左端の要素と交換しています。これは、二分割の処理をやりやすくするためです。
二分割の処理では、配列の先頭（左端の基準値の1つ後ろ）から末尾に向かって、
添字iを使って、a[i]が基準値より小さい限りiの値を1ずつ増やすことを繰り返し
ます。この繰り返しを抜けたときに、iは基準値よりも大きい要素の添字を指して
います。これと同様に、配列の末尾から先頭に向かって、添字jを使って、a[j]が
基準値より大きい限りjの値を1ずつ減らすことを繰り返します。この繰り返しを
抜けたときに、jは基準値よりも小さい要素の添字を指しています。そして、a[i]と

a[j]の要素を交換します。このようにすることで、基準値より小さい要素を前に、大きい要素を後ろに配置できます。

　この処理をi >= jになるまで繰り返したら、基準値以外のソートは完了です。この時点では、基準値は配列の先頭に移動した状態なので、適切な位置ではありません。基準値を配列の適切な位置に入れます。この時点で、i >= jであり、a[j]が基準値以下の要素を指しているので、基準値のa[left]とa[j]を交換します。これによって、基準値はa[j]に配置されます。

　このsplit_array関数は、戻り値として基準値の添字jを返します。

　(2)のquick_sort関数では、配列の要素数が1個より大きければ（left < rightならば）、split_array関数を呼び出して配列を二分割します。二分割された前側と後ろ側の配列をquick_sort関数で処理することを、再帰呼び出しで繰り返します。二分割したあとに基準値の両隣の要素数がそれぞれ1つになった配列は、要素の位置が確定します。この再帰呼び出しが終われば、配列全体のソートが完了します。

　リスト10-5は、リスト10-4の関数を呼び出し、クイックソートをテストするプログラムです。このプログラムを、リスト10-3の下（メインプログラムの後ろ）に追加してください。

リスト10-5　クイックソートの動作を確認するプログラム（sort_test3.pyの一部）

```
# クイックソートをテストする
sys.setrecursionlimit(10000)      # 再帰呼び出しの上限を1万回に設定する
a = copy.copy(rand_data)          # 乱数の配列のコピーを生成する
left = 0                          # 配列の先頭の添字を左端に設定する
right = len(a) - 1                # 配列の末尾の添字を右端に設定する
time1 = time.perf_counter()       # 処理前の時間を得る
quick_sort(a, left, right)        # ソートを行う
time2 = time.perf_counter()       # 処理後の時間を得る
# テスト結果を表示する
print("***** クイックソート *****")
print(f"ソート結果 = {is_asc_sorted(a)}")   # 昇順にソートされている
                                            # ことを確認する
print(f"ソート時間 = {time2 - time1}秒")    # ソートの処理時間を求める
print()
```

　リスト10-5の内容は、挿入ソートとシェルソートをテストするプログラムと同

様であり、呼び出す関数を quick_sort(a, left, right) に変えただけです。

sort_test3.py の実行結果の例を図10-7に示します。

図10-7　sort_test3.pyの実行結果の例

どのソートでも昇順にソートされたことがわかります。処理時間は挿入ソートが50.580ミリ秒、シェルソートが2.496ミリ秒、クイックソートが1.444ミリ秒でした。圧倒的というほどではありませんが、シェルソートよりクイックソートの方が速いことを確認できました。

■「挿入ソート」と「クイックソート」を組み合わせる

要素数1000個の配列では、クイックソートが1番速いことがわかりました。では、要素数を1000個→500個→100個→50個→10個→5個と減らしていくとどうなるでしょう。確認してみましょう。

ソートアルゴリズムの速さの比較

図10-8は、要素数が1000、500、100、50、10、5個のときに、それぞれのソートアルゴリズムで10回ずつソートしたときの平均時間を求めた結果です。

要素数	挿入ソート	シェルソート	クイックソート
1000個	72.957ミリ秒	4.046ミリ秒	最速 2.171ミリ秒
500個	17.247ミリ秒	1.555ミリ秒	最速 0.993ミリ秒
100個	0.664ミリ秒	0.199ミリ秒	最速 0.163ミリ秒
50個	0.167ミリ秒	最速 0.073ミリ秒	0.079ミリ秒
10個	最速 0.009ミリ秒	最速 0.009ミリ秒	0.012ミリ秒
5個	最速 0.004ミリ秒	0.005ミリ秒	0.007ミリ秒

図10-8　要素数1000個→500個→100個→50個→10個→5個における平均ソート時間

　プログラムにおいて、配列の要素数を変更するには、リスト10-1の(6)の「rand_data = random.sample(range(1, 1001),k=1000)」における引数を、以下のように変更します。

要素数1000個 ：range(1, 1001), k=1000
要素数500個 　：range(1, 501), k=500
要素数100個 　：range(1, 101), k=100
要素数50個 　　：range(1, 51), k=50
要素数10個 　　：range(1, 11), k=10
要素数5個 　　　：range(1, 6), k=5

　図10-8を見てください。要素数1000個から100個まではクイックソートが最速ですが、要素数50個ではわずかの差でシェルソートの方が速くなりました。要素数10個ではシェルソートと挿入ソートが最速になり、要素数5個では挿入ソートの方が速くなりました。

ソートアルゴリズムを組み合わせる

　図10-8の結果から、ここでは2つのソートアルゴリズムを組み合わせてソートを行うことにします。「要素数が10個より大きいならクイックソートで配列の二分割を繰り返し、要素数が10個以下になったら挿入ソートに切り替える」という手順にすれば、データ数が多いときも少ないときも効率的にソートできそうです。このプログラムを作って確認してみましょう。

リスト10-6とリスト10-7は、クイックソートと挿入ソートを組み合わせたソートの動作を確認するプログラムです。これらのプログラムを後述するようにsort_test3.pyに追加し、sort_test4.pyというファイル名にしてください。

リスト10-6は、クイックソートと挿入ソートを組み合わせて昇順でソートを行う関数の定義です。このプログラムを、リスト10-4の下（メインプログラムの前）に追加してください。

リスト10-6　クイックソートと挿入ソートを組み合わせて昇順でソートを行う関数の定義
（sort_test4.pyの一部）

```python
# クイックソートと挿入ソートを組み合わせて昇順でソートを行う関数の定義
def quick_ins_sort(a, left, right):
    # 要素数が10個より大きければクイックソートで配列の二分割を繰り返す
    if right - left + 1 > 10:
        # 配列を要素の大小で二分割する
        pivot = split_array(a, left, right)

        # 分割した前側の配列に同じ処理を行う
        quick_ins_sort(a, left, pivot - 1)

        # 分割した後ろ側の配列に同じ処理を行う
        quick_ins_sort(a, pivot + 1, right)
    # そうでないなら（要素数が10個以下なら）挿入ソートでソートを完了する
    else:
        insertion_sort(a, left, right)
```

リスト10-6のquick_ins_sort関数では、クイックソートと挿入ソートを組み合わせてソートを行っています。引数は、これまでに作ったほかのソート関数と同じです。この関数では、ソート対象の配列の要素数が10より大きい場合（right - left + 1 > 10）には、split_array関数を使って配列を二分割します。そして、quick_ins_sort関数を再帰呼び出しして、配列の前側と後ろ側で処理を繰り返します。これはクイックソートです。ただし、このクイックソートは、ソート対象の配列の要素数が10個以下になったらinsertion_sort関数を呼び出し、挿入ソートに切り替えてソートを完了します。

リスト10-7は、リスト10-6の関数を呼び出し、クイックソートと挿入ソートを組み合わせたソートをテストするプログラムです。このプログラムを、リスト10-5

の下（メインプログラムの後ろ）に追加してください。

リスト10-7　クイックソートと挿入ソートを組み合わせたソートの動作を確認する
プログラム（sort_test4.pyの一部）

```
# クイックソートと挿入ソートを組み合わせたソートをテストする
a = copy.copy(rand_data)              # 乱数の配列のコピーを生成する
left = 0                              # 配列の先頭の添字を左端に設定する
right = len(a) - 1                    # 配列の末尾の添字を右端に設定する
time1 = time.perf_counter()          # 処理前の時間を得る
quick_ins_sort(a, left, right)       # ソートを行う
time2 = time.perf_counter()          # 処理後の時間を得る
# テスト結果を表示する
print("***** クイックソートと挿入ソートを組合せたソート *****")
print(f"ソート結果 = {is_asc_sorted(a)}")      # 昇順にソートされている
                                               # ことを確認する
print(f"ソート時間 = {time2 - time1}秒")        # ソートの処理時間を求める
```

　リスト10-7の内容は、他のソートをテストするプログラムと同様であり、呼び
出す関数をquick_ins_sort(a,left, right)に変えただけです。

　sort_test4.pyの実行結果の例を図10-9と図10-10に示します。
　図10-9は、要素数が1000個の場合の結果です。

要素数1000個の場合

図10-9　sort_test4.pyの実行結果の例（要素数1000個の場合）

　要素数1000個のときに最速だったクイックソートが1.503ミリ秒で、クイックソートと挿入ソートを組み合わせたソートが1.322ミリ秒です。クイックソートと挿入ソートを組み合わせたソートが最速ということがわかりました。

　図10-10は、要素数が5個の場合の結果です。指数表記になっています。

要素数5個の場合

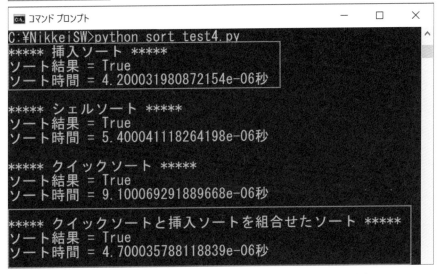

```
コマンド プロンプト                                    —    □    ×

C:¥NikkeiSW>python sort test4.py
***** 挿入ソート *****
ソート結果 = True
ソート時間 = 4.200031980872154e-06秒

***** シェルソート *****
ソート結果 = True
ソート時間 = 5.400041118264198e-06秒

***** クイックソート *****
ソート結果 = True
ソート時間 = 9.100069291889668e-06秒

***** クイックソートと挿入ソートを組合せたソート *****
ソート結果 = True
ソート時間 = 4.700035788118839e-06秒
```

図10-10　sort_test4.pyの実行結果の例（要素数5個の場合）

　要素数5個のときに最速だった挿入ソートが0.004ミリ秒で、クイックソートと挿入ソートを組み合わせたソートも約0.004ミリ秒です。ほとんど同じ速度です。

　ここまでのことから、クイックソートと挿入ソートを組み合わせたソートは、要素数が多いときも少ないときも効率的であることを確認できました。

　これで、1つのアルゴリズムを改良するだけでなく、複数のアルゴリズムを組み合わせることで処理を効率化する、というテクニックを理解していただけたでしょう。

Chapter
10

補章

Python基礎講座

Python基礎講座

補章では、Python プログラミングの基本的な記述方法を解説します。Python を学び始めたばかりの人が、本書の内容を理解するのに必要な最低限の基礎知識です。1 〜 10 章の内容の理解を深めるためにお役立てください。

■ 変数と演算子

Python プログラミングにおいて、変数の扱い方には特徴があります。変数と代入、演算子について解説します。

●変数の扱い方

多くのプログラミング言語では、変数を使う前に、データ型と変数名を指定します。このことを「変数を宣言する」といいます。

しかし、Python では、変数を宣言せずに使います。変数に値を代入することで変数が作成されます。例えば、以下の処理を実行した時点で、「123」という数値が代入された変数 x が作成されます。

```
x = 123
```

ただし、Python にデータ型がないわけではありません。整数型、小数点数型、文字列型、真偽値型などのデータ型があります。

Python では、データや関数など、メモリー上に実体を持つものを、すべてオブジェクトとして同様に取り扱います。変数には、何らかのオブジェクトの識別情報が代入されます。よって、変数自体にデータ型の指定は不要なのです。

●代入演算子

代入は、＝ という演算子で表します。変数 a に「123」という数値を代入する処理は、以下のように記述します。

```
a = 123
```

変数には、演算式を代入できます。変数 a に「a + 1」という式を代入する記述です。

```
a = a + 1
```

変数 a に演算を行った結果（a + 1）を、同じ変数 a に代入する場合は、+= という演算子を使って表すこともできます。例えば、「a = a + 1」という処理は、以下のように記述します。

```
a += 1
```

文字列は、"と"（ダブルクォーテーション）、または 'と'（シングルクォーテーション）で囲みます。変数 a に「abc」という文字列を代入する処理は、以下のように記述します。

```
a = "abc"
```

●算術演算子

算術演算子は、数値を演算します。算術演算子の種類を表1に示します。

表1　Pythonの算術演算子

演算子	機能	使用例	
+	加算	ans = 5 + 2	→ 7が得られる
−	減算	ans = 5 − 2	→ 3が得られる
*	乗算	ans = 5 * 2	→ 10が得られる
/	除算	ans = 5 / 2	→ 2.5が得られる
//	除算の商	ans = 5 // 2	→ 2が得られる
%	除算の余り	ans = 5 % 2	→ 1が得られる
**	べき乗	ans = 5 ** 2	→ 25が得られる

＋（プラス）記号の＋演算子には、文字列を連結する機能があります。例えば、「abc」と「def」を連結する処理は、以下のように記述します。

```
"abc" + "def"
```

この処理の実行結果は、"abcdef"になります。

＊（アスタリスク）記号の＊演算子には、同じ文字列を繰り返し連結する機能があります。例えば、「abc」という文字列を3回繰り返す処理は、以下のように記述します。

```
"abc" * 3
```

この処理の実行結果は、"abcabcabc" になります。

●比較演算子

比較演算子は、データを比較するときに使います。比較演算子の種類を表2に示します。演算の結果は、True、または、False になります。

表2　Pythonの比較演算子

演算子	機能	if文の使用例
==	等しければTrue	if a == b:
!=	等しくなければTrue	if a != b:
>	より大きければTrue	if a > b:
>=	以上ならTrue	if a >= b:
<	より小さければTrue	if a < b:
<=	以下ならばTrue	if a <= b:

●論理演算子

論理演算子は、条件を結び付けたり否定したりするときに使います。論理演算子の種類を表3に示します。演算の結果は、True、または、False になります。

表3　Pythonの論理演算子

演算子	機能	使用例
and	論理積(かつ)	条件1 and 条件2
or	論理和(または)	条件1 or 条件2
not	論理否定(でない)	not 条件

■ 制御構文

　分岐や繰り返しといった、Pythonの制御構文について解説します。分岐の構文にはif文が、繰り返しの構文にはwhile文、for文があります。これらの制御構文の記述ルールを順番に説明していきます。

● if文による分岐

　if文は、分岐を表します。if文の基本構文を以下に示します。

```
if 条件A:
    条件AがTrueのときに実行する処理
```

　ここでは、if文によって実行される処理の箇所を、ブロックと呼びます。ブロックとは、1つのまとまりとして実行される処理の範囲のことです。

　ブロックの中に記述する処理は、行頭にスペースを入れて、インデント（字下げ）します。行頭に入れるスペースの数は、一般的には半角文字4個分です。同じブロック内の処理は、インデントをそろえなければなりません。

　このルールは、if文だけでなく、後述するwhile文やfor文、関数の定義の範囲を示す場合も同様です。

　if文を使って、複数の条件を順番に判定して処理をする場合は、以下のように記述します。

```
if 条件A:
    条件AがTrueのときに実行する処理
elif 条件B:
    条件AがTrueではなく条件BがTrueのときに実行する処理
else:
    ここまでの条件がどれもTrueでないときに実行する処理
```

　elifブロックは、必要な数だけ並べられます。elifブロックとelseブロックは、なくても構いません。

● while文による繰り返し

　while文は、繰り返しを表します。while文の基本構文を以下に示します。

```
while 条件:
```

　この構文では、条件がTrueである限り、whileブロックの中に記述された処理が繰り返さ

れます。

　while 文は、処理を行う前に条件をチェックする「前判定」の繰り返しです。多くのプログラミング言語には、処理を行ったあとに条件をチェックする「後判定」の繰り返し構文がありますが、Pythonにはありません。Pythonで後判定の繰り返しを行うには、以下のように記述します。

```
while True:
    処理
    if (条件):
        break
```

　この記述方法では、条件を True として無限ループを作り、if文で条件をチェックしています。条件に一致したら、break 文を使って繰り返しを終了します。

● for 文による繰り返し

　Pythonの繰り返し構文には、while 文だけでなく for 文があります。for 文の基本構文を以下に示します。

```
for 変数 in イテラブル:
```

　イテラブルとは、複数の要素を持つオブジェクトのことです。イテラブルの位置には、文字列や、後述するリスト、range 関数、enumerate 関数などを指定します。この構文では、イテラブルの先頭から末尾までの要素を順番に取り出し、それを変数に格納することを繰り返します。

　変数の位置に、「_」（アンダースコア）を置くと、変数に値を格納しないことを意味します。具体的に説明しましょう。例えば、for 文を使った 10 回の繰り返し処理は以下のように記述します。

```
for n in range(10):
    繰り返し処理
```

　この繰り返し処理では、変数 n に 0 〜 9 の値が順番に格納されます。ちなみに、range(10) は range 関数です。引数に 10 を指定することで、0 〜 9 の連続した数値を持つオブジェクトを戻り値として得ています。

　この繰り返し処理において変数 n の値を使わないならば、変数 n があることは冗長です。ですので、アンダースコアを使って変数 n を作らないように書き換えてみましょう。

変数の位置にアンダースコアを置いた for 文の処理を以下に示します。

```
for _ in range(10):
    繰り返し処理
```

このように記述することで、0〜9の値を変数に格納することなく、10回の繰り返し処理を行うことができます。

なお、for 文による繰り返し処理は、break 文を使って中断できます。if 文の条件に一致したときに break という命令文を実行すると、その時点で繰り返しを中断します。

■ データ構造（リスト）

Python には様々なデータ構造があります。本書のプログラムを理解する上で必要なリストというデータ構造について解説します。

●リスト

Python のリストは、多くのプログラミング言語の「配列」に相当するものです。例えば、5つの整数の要素を持つリストは、以下のように宣言します。

```
a = [12, 34, 56, 78, 90]
```

リスト a の個々の要素は、a[0]〜a[4] という表現で取り扱います。a[0]〜a[4] のような、[ ] の中の数字を添字（インデックス）といい、添字は 0 から始まります。例えば、上記のリスト a において、a[0] は先頭の要素である「12」という値を示します。a[3] は先頭から 3 番目（0 から数えて 3 番目）の要素である「78」という値を示しています。

●リストの連結

複数のリストを連結するときは、前述した文字列の連結と同様に、+（プラス）記号の + 演算子を使います。例えば、[1, 2, 3] というリストと [4, 5, 6] というリストを連結する処理は、以下のように記述します。

```
[1, 2, 3] + [4, 5, 6]
```

この処理を実行すると、[1, 2, 3, 4, 5, 6] というリストが作成されます。

*（アスタリスク）記号の * 演算子を使うと、同じリストを繰り返し連結します。例えば、[0]

というリストを 10 回繰り返す処理は、以下のように記述します。

```
[0] * 10
```

この処理を実行すると、[0, 0, 0, 0, 0, 0, 0, 0, 0, 0] というリストが作成されます。

●リストの append メソッド

Python のリストは、単なるデータの並びではなく、データの並びとそれらを処理するメソッドを持つオブジェクトです。例えば、リストの sort メソッドを使うとリストの内容を昇順にソートできます。count メソッドを使うと、リストの中にある同じ値の要素数を得られます。

リストの append メソッドは、リストの末尾に要素を追加するメソッドです。

多くのプログラミング言語において、配列は、宣言時に指定した要素数をあとから変更できません。これを固定長といいます。それに対して、Python のリストは、要素をあとから追加できます。これを可変長といいます。

append メソッドを使ってみましょう。要素がない空のリスト a を作成し、あとから「12、36、56」という要素を追加する処理は、以下のように記述します。

```
a = []          # 空のリストを作成する
a.append(12)    # リストに12という要素を追加する
a.append(34)    # リストに34という要素を追加する
a.append(56)    # リストに56という要素を追加する
```

この処理を実行すると、リストの内容は [12, 34, 56] になります。

● 2 次元リスト

Python で 2 次元配列を取り扱う場合は、2 次元リストを使います。2 次元リストは、「リストを要素としたリスト」で表します。

2 次元リストの個々の要素は、以下の構文で取り扱います。

```
配列名[添字1][添字2]
```

文字列を要素とした 2 次元リストを print 関数で出力するプログラムは、以下のようになります。

```
# 2次元リストを宣言する
a = [["apple", "grape"], ["dog", "cat"], ["coffee", "tea"]]
# 2次元リストの要素を表示する
print(a[2][0])
```

　この処理を実行すると、「coffee」が表示されます。a[2][0] は、「外側のリストの [2] 番目の要素の、内側のリストの [0] 番目の要素」を表しています。

　2次元リストの要素をわかりやすく記述する方法を説明します。
　Python では、改行が命令の区切りを示すので、長い命令であっても途中で改行することはできません。ただし、カッコを閉じる前であれば、途中で改行できます。改行を使うと、以下のように2次元リストをわかりやすく記述できます。

```
a = [
[1, 2, 3]
[4, 5, 6]
]
```

■ 関数

　本書のプログラムで使われている Python の組み込み関数を説明します。そのあとで、関数の呼び出し方と関数の定義についても解説します。

●組み込み関数
　Python には、すぐに使える様々な機能が、関数として用意されています。これらの関数のことを組み込み関数といいます。表4に、本書で使われている組み込み関数を示します。

表4　本書で使われているPythonの組み込み関数

関数	機能
input(prompt)	promptを表示してキー入力された文字列を返す
print(object)	画面にobjectを表示し、末尾で改行する。 第2引数にend=""を指定すると改行されない
int(x)	数字の文字列xを整数に変換して返す
str(object)	objectを文字列に変換して返す
abs(a)	aの絶対値を返す
ord(x)	文字xの文字コードを返す
len(a)	リストaの長さ（要素数）を返す、または文字列aの長さ（文字数）を返す
range(start, stop)	start〜stop未満の整数のデータ列を返す
enumerate(a)	リストaの要素の値と要素番号の組を返す
format(value, spec)	valueをspecの書式で文字列に変換して返す

● 関数の呼び出しと関数の定義

関数を呼び出す基本構文を以下に示します。

関数名（引数1，引数2，…）

プログラマが独自の関数を定義するときは、以下の構文を使います。

```
def 関数名（引数1，引数2，…）
    処理
    return 戻り値
```

関数を呼び出すときに渡す値のことを引数といい、関数を呼び出して得られる結果のことを戻り値といいます。

return文には、戻り値を返す機能と、処理の流れを関数の呼び出し元に戻す機能があります。

様々な引数

多くのプログラミング言語では、関数を呼び出すときに引数の順序と数は変更できません。

一方で、Python には、関数を呼び出すときの設定を省略できるオプション引数という引数があります。オプション引数は、省略するとデフォルト値が設定されます。

そのほかにも、任意の数の引数を設定できる可変長引数や、順序に関係なく引数名で設定できるキーワード引数などがあります。

●メインプログラム

メインプログラムとは、プログラムの実行開始時に最初に実行される処理のことです。メインプログラムの基本構文を以下に示します。

```
if __name__ == '__main__':
    処理
```

Python では、多くのプログラミング言語にある main 関数や main メソッド（実行開始位置となるもの）を定義できません。ただし、プログラムに if __name__ == '__main__': を記述することによって、そのブロック中の処理がプログラムの実行開始時に実行されます。

■ 標準モジュール

Python には、組み込み関数のほかにも、様々な機能の関数が記述されたモジュールが用意されています。Python に標準で同梱されているモジュールのことを標準モジュールといいます。

モジュールの使い方と、本書のプログラムで使われている標準モジュールを解説します。

●モジュールのインポート

モジュールの中の関数を呼び出して使うには、まず、プログラムにモジュールをインポートする必要があります。そのあとで、モジュールの中の関数を呼び出す処理を記述します。

モジュールをインポートするには、以下の構文を使います。

```
import モジュール名
```

例えば、math モジュールを呼び出してみましょう。math モジュールは、数学計算用の関数が集められた標準モジュールです。このモジュールをインポートするには、以下のように記

述します。

```
import math
```

これで、mathモジュールをインポートできました。

次に、mathモジュールの中のsqrt関数を呼び出します。sqrt関数は、引数の平方根を求める関数です。インポートしたモジュールの中の関数を直接呼び出す処理は、以下の構文を使います。

```
モジュール名.関数名
```

sqrt関数を使って、2の平方根を求める処理は、以下のように記述します。

```
math.sqrt(2)
```

この処理では、モジュール名（math）を指定してsqrt関数を呼び出しています。

ここまでのようにモジュール名を指定するのではなく、モジュールの中の関数を直接呼び出す方法もあります。そのためにはまず、関数を直接インポートします。モジュールの中の関数を直接インポートする処理は、以下の構文を使います。

```
from モジュール名 import 関数名
```

mathモジュールの中のsqrt関数を直接インポートする処理は、以下のように記述します。

```
from math import sqrt
```

これで、mathモジュールのsqrt関数がインポートできました。

この構文でインポートした場合は、関数を呼び出すときにモジュール名を指定する必要はありません。sqrt関数を呼び出し、2の平方根を求める処理は、以下のように記述します。

```
sqrt(2)
```

なお、モジュール名が長い場合には、以下の構文を使ってインポートすることで、モジュールに短い別名を付けることができます。

```
import 長いモジュール名 as 短い別名
```

このようにしてインポートしたあとは、プログラムの中では以下の構文でモジュールを指定し、関数を呼び出します。

短い別名.関数名

● random モジュール

random モジュールは、乱数に関する様々な関数が集められた標準モジュールです。

random モジュールの randint 関数は、最小値～最大値の範囲の整数の乱数を返します。以下の構文のように、引数に最小値と最大値を指定します。

```
randint(最小値, 最大値)
```

● copy モジュール

copy モジュールは、オブジェクトのコピーに関する関数を集めた標準モジュールです。

copy モジュールの copy 関数を使うと、オブジェクトをコピーできます。

obj1 というオブジェクトのコピーを生成し、変数 obj2 に代入する処理は、以下のように記述します。

```
obj2 = copy.copy(obj1)
```

● time モジュール

time モジュールは、時刻に関する関数が集められた標準モジュールです。

time モジュールの perf_counter 関数は、処理時間を計測するために用意されているパフォーマンスカウンタの値を返します。

● sys モジュール

sys モジュールは、Python の実行環境の動作に関する関数が集められた標準モジュールです。

sys モジュールの setrecursionlimit 関数は、再帰呼び出しの上限回数を設定するときに使う関数です。引数に上限回数の値を指定します。

Lecture

■ その他の記述ルール

Python プログラミングには、ここまでで取り上げたもの以外にも記述ルールがあります。本書のプログラムを理解する上で役立つルールについて解説します。

●命令文の途中の改行

Pythonでは、命令文の区切りを改行で表します。よって、1つの命令文の途中で改行し、複数行に分けて記述することはできません。

ただし、行の末尾に¥（環境によってはバックスラッシュ）を付けて改行すると、1つの命令文を複数行に分けて記述できます。これは「¥」を付けることによって改行文字がキャンセルされるからです。

また、( )や{ }など、何らかのカッコで囲まれている命令文では、カッコを閉じる前なら途中で改行できます。

● f 文字列

f文字列は、文字列の一部に変数や式を入れ、実行時に置き換えることができるPythonの機能です。文字列の先頭にfを付け、以下の構文で表します。

```
f"文字列[変数]"
```

f文字列を使って、変数xの値が入った文字列を表示する処理は、以下のように記述します。

```
x = 3
print(f"変数の値は{x}です。")
```

この処理を実行すると、「変数の値は3です。」と表示されます。

また、以下の構文で変数の書式を指定できます。

```
f"{変数:書式設定}"
```

変数xの書式を指定して文字列を表示する処理は、以下のように記述します。

```
x = 0.12345
print(f"変数の値は{x:.2f}です。")
```

この処理を実行すると、「変数の値は0.12です。」と表示されます。ここでは、.2fという書式を指定することで、変数xの値が小数点以下2桁まで表示されるようにしています。

●グローバル変数とローカル変数

Pythonでは、関数の外で作成された変数は、プログラムのどこからでも利用できるグローバル変数になります。一方で、関数の中で作成された変数は、その関数の中だけで利用できるローカル変数になります。

前述の通り、変数が作られるのは、変数に値を代入したときです。関数の外でx = 123 という処理を行うと、x というグローバル変数が作成されます。この状態で、関数の中でx = 456 という処理を行っても、グローバル変数x には 456 が代入されません。関数の中では、x という新たなローカル変数が作成され、456 という値が代入されます。

関数の中でグローバル変数x を使うには、以下の構文を使って、変数x がグローバル変数であることを宣言する必要があります。

```
global x
```

●空を表す None

None は、「空」を意味する Python の予約語です[*1]。例えば、a = None という処理で変数a に None を代入すると、変数a には値が代入されておらず空であることを示せます。

変数が空であるかどうかを調べるには、is 演算子を使って以下のように記述します。

```
a is None
```

変数が空でないことを調べるには、is not 演算子を使って以下のように記述します。

```
a is not None
```

● Python の命名規約

命名規約とは、プログラムの中で使う変数、定数、関数、クラスなどに名前を付けるときのルールです。クラスとはオブジェクトの定義であり、オブジェクトの型に相当します。

プログラミング言語の種類によって、よく使われる命名規約があります。Python では、表5 に示す命名規約がよく使われます。

[*1] 予約語とは、プログラムの中において、あらかじめ意味が決められている言葉のことです。

表5　Pythonでよく使われる命名規約

命名するもの	命名規約	命名の例
変数 関数 メソッド	・すべて小文字にする ・複数単語はアンダースコアで区切る	age adult_age
定数	・すべて大文字にする ・複数単語はアンダースコアで区切る	MAX MAX_SIZE
クラス	・先頭を大文字にする ・複数単語は区切りを大文字にする	Dog PetDog

　以上で、本書のプログラムで使われている Python の構文や組み込み関数、標準モジュール等の説明を終わります。Python の文法についてもっと詳しく知りたい方は、専門書籍を読んで知識を深めてください。

●あとがき●

　皆さん、いかがでしたか。「アルゴリズムを知る楽しさ」と「アルゴリズムを改良する楽しさ」を感じていただけましたか。

　アルゴリズムというものは、暗記して覚えるものではありません。何度も練習して、体で覚えるものです。もし、理解が不十分なアルゴリズムがあれば、同じプログラムを何度も作ってみてください。徐々に理解が深まり、新たな発見があるはずです。

　どのアルゴリズムも十分に理解できた、もっと多くのアルゴリズムを知りたいという人には、本書の姉妹書である「身近な疑問を解いて身につける 必修アルゴリズム」（日経BP刊）をおすすめします。様々な問題に応用できるアルゴリズムを紹介しています。

　本書をお読みいただき、ありがとうございました。これからも、プログラミングを楽しみましょう。

謝辞

　本書の作成において、企画の段階からお世話になりました日経ソフトウエアの久保田浩編集長、和田沙央里記者、そしてスタッフの皆様全員に、厚く御礼申し上げます。本書のベースである、『日経ソフトウエア』の連載記事「Pythonでわかる！アルゴリズムと改良テクニック」に対して、説明不足や誤りへのご指摘、ならびに激励の言葉をお寄せくださいました読者の皆様に、この場をお借りして心より感謝申し上げます。

索 引

著者プロフィール

矢沢 久雄 (やざわ・ひさお)

1961年栃木県足利市生まれ
株式会社ヤザワ 代表取締役社長
グレープシティ株式会社 アドバイザリースタッフ

大手電機メーカーでパソコンの製造、ソフトハウスでプログラマを経験した後、現在は独立してパッケージソフトの開発と販売に従事している。本業のほかにも、プログラミングに関する書籍や記事の執筆活動、学校や企業における講演活動なども精力的に行っている。自称ソフトウエア芸人。

主な著書

『プログラムはなぜ動くのか 第3版』（日経BP）

『コンピュータはなぜ動くのか 第2版』（日経BP）

『情報処理教科書 出るとこだけ!基本情報技術者 テキスト&問題集』（翔泳社）

『コンピュータのしくみがよくわかる! C言語プログラミングなるほど実験室』（技術評論社）

『10代からのプログラミング教室』（河出書房新社）

ほか多数

初出

日経ソフトウエア 2022年1月号〜2023年7月号
連載「Pythonでわかる！アルゴリズムと改良テクニック」第1〜第10回

本書は上記連載を全面的に見直し、加筆・修正したものです。

本書のサンプルプログラムについて

　本書で使用するサンプルプログラム（掲載コード）は、サポートサイトからダウンロードできます。下記サイトの URL にアクセスし、本書のサポートページにてファイルをダウンロードしてください。また、訂正・補足情報もサポートページにてお知らせします。

サポートサイト（日経ソフトウエア別冊の専用サイト）
https://nkbp.jp/nsoft_books

Python で学ぶアルゴリズム ＆改良テクニック

2023 年 11 月 20 日　第 1 版第 1 刷発行

著　　　者	矢沢 久雄	
発　行　者	森重 和春	
編　　　集	和田 沙央里	
発　　　行	株式会社日経 BP	
発　　　売	株式会社日経 BP マーケティング	
	〒 105-8308　東京都港区虎ノ門 4-3-12	
装　　　丁	小口 翔平＋奈良岡 菜摘 (tobufune)	
制　　　作	JMC インターナショナル	
印刷・製本	図書印刷	

ISBN　978-4-296-20328-4
©Hisao Yazawa 2023　Printed in Japan

身近な疑問を解いて身につける
必修アルゴリズム

矢沢 久雄（著）　日経ソフトウエア（編）

A5判／240ページ　定価：2750円（10％税込）
ISBN：978-4-296-20023-8

自分の100歳の誕生日は何曜日？　日常の中で感じる"身近な疑問"を取り上げ、それを解くアルゴリズムをわかりやすく解説。これからアルゴリズムを学ぶ人、理解を深めたい人にも最適な一冊。

IIIIIIIIIIIIIIIIIIIIIIIIIIIIIIIIIIIIIIIIIIIIIIIIIIIIIIIIIIIIIIIIIIII